U0460793

国防科技图书出版基金

放电等离子烧结技术及其在钛基复合材料制备中的应用

Spark Plasma Sintering of Ti Matrix Composites

张朝晖 著

国防工业出版社

·北京·

图书在版编目(CIP)数据

放电等离子烧结技术及其在钛基复合材料制备中的应
用 / 张朝晖著. —北京：国防工业出版社，2018.3
ISBN 978 - 7 - 118 - 11584 - 0

Ⅰ. ①放… Ⅱ. ①张… Ⅲ. ①等离子体 - 火花烧结 -
应用 - 钛基合金 - 金属复合材料 - 制备 Ⅳ.
①TG146.23

中国版本图书馆 CIP 数据核字(2018)第 053263 号

※

国防工业出版社出版发行
（北京市海淀区紫竹院南路 23 号　邮政编码 100048）
天津嘉恒印务有限公司印刷
新华书店经售

*

开本 710 × 1000　1/16　印张 11½　字数 202 千字
2018 年 3 月第 1 版第 1 次印刷　印数 1—3000 册　定价 68.00 元

（本书如有印装错误，我社负责调换）

国防书店：(010)88540777　　　发行邮购：(010)88540776
发行传真：(010)88540755　　　发行业务：(010)88540717

致 读 者

本书由中央军委装备发展部**国防科技图书出版基金**资助出版。

为了促进国防科技和武器装备发展,加强社会主义物质文明和精神文明建设,培养优秀科技人才,确保国防科技优秀图书的出版,原国防科工委于 1988 年初决定每年拨出专款,设立国防科技图书出版基金,成立评审委员会,扶持、审定出版国防科技优秀图书。这是一项具有深远意义的创举。

国防科技图书出版基金资助的对象是:

1. 在国防科学技术领域中,学术水平高,内容有创见,在学科上居领先地位的基础科学理论图书;在工程技术理论方面有突破的应用科学专著。

2. 学术思想新颖,内容具体、实用,对国防科技和武器装备发展具有较大推动作用的专著;密切结合国防现代化和武器装备现代化需要的高新技术内容的专著。

3. 有重要发展前景和有重大开拓使用价值,密切结合国防现代化和武器装备现代化需要的新工艺、新材料内容的专著。

4. 填补目前我国科技领域空白并具有军事应用前景的薄弱学科和边缘学科的科技图书。

国防科技图书出版基金评审委员会在中央军委装备发展部的领导下开展工作,负责掌握出版基金的使用方向,评审受理的图书选题,决定资助的图书选题和资助金额,以及决定中断或取消资助等。经评审给予资助的图书,由中央军委装备发展部国防工业出版社出版发行。

国防科技和武器装备发展已经取得了举世瞩目的成就,国防科技图书承担着记载和弘扬这些成就,积累和传播科技知识的使命。开展好评审工作,使有限的基金发挥出巨大的效能,需要不断摸索、认真总结和及时改进,更需要国防科技和武器装备建设战线广大科技工作者、专家、教授,以及社会各界朋友的热情支持。

让我们携起手来,为祖国昌盛、科技腾飞、出版繁荣而共同奋斗!

国防科技图书出版基金

评审委员会

国防科技图书出版基金
第七届评审委员会组成人员

主 任 委 员	柳荣普		
副主任委员	吴有生	傅兴男	赵伯桥
秘 书 长	赵伯桥		
副 秘 书 长	许西安	谢晓阳	
委 员 （按姓氏笔画排序）	才鸿年	马伟明	王小谟　王群书

（委员按姓氏笔画排序）

才鸿年　马伟明　王小谟　王群书
甘茂治　甘晓华　卢秉恒　巩水利
刘泽金　孙秀冬　芮筱亭　李言荣
李德仁　李德毅　杨　伟　肖志力
吴宏鑫　张文栋　张信威　陆　军
陈良惠　房建成　赵万生　赵凤起
郭云飞　唐志共　陶西平　韩祖南
傅惠民　魏炳波

前　　言

放电等离子烧结(spark plasma sintering,SPS)技术,是在两电极间施加直流脉冲电流和轴向压力进行粉末烧结致密化的一种新型烧结技术。该技术起源于美国科学家 Pantents 在 1933 年发表的利用电火花或者脉冲电流来辅助粉末烧结或金属连接的研究论文。20 世纪 60 年代,日本在此基础上开发了更为先进的电火花烧结专利技术。1988 年,日本住友石炭矿业公司推出了 Dr. SINTER 系列烧结炉,标志着 SPS 技术的商业化。2004 年,日本成功研制出了压力达 600t,脉冲电流为25000 ~ 40000A 的第五代大型 SPS 装置以及集自动装料、预热成型、最终烧结为一体的隧道型 SPS 连续生产设备,促使 SPS 技术得以在世界各国民用工业及国防工业中得到迅速而广泛的应用。

SPS 技术是一种快速、节能、环保的材料制备加工新技术。该技术区别于传统粉末冶金技术所采用的辐射加热方式,它在加压粉体粒子间直接通入直流脉冲电流,由火花放电瞬间产生的等离子体进行加热,并利用热效应、场效应等进行短时间烧结。SPS 技术集等离子活化、热压、电阻加热为一体,具有升温速度快、烧结时间短、冷却迅速、外加压力和烧结气氛可控、节能环保等优点,可广泛用于磁性材料、功能梯度材料、纳米金属、金属陶瓷复合材料、非晶材料等一系列新型材料的烧结,并在纳米材料、陶瓷材料等采用常规方法难以实现致密化的材料制备中显示出了极大的优越性。瑞典学者采用 SPS 技术制备陶瓷材料的研究成果发表在 Nature杂志上,可以在短短几分钟内制备出先进陶瓷材料,被认为是陶瓷生产工艺的革命性变化。因此,SPS 技术是一项具有重要工程应用价值和广泛应用前景的烧结技术。

钛基复合材料由于具有高比强度、高比模量、优异的高温强度和抗蠕变性能、可靠的热稳定性、抗氧化性以及较高的疲劳强度,目前已成为一种极具发展潜力的航空航天结构材料和航天发动机材料。其中,连续纤维增强钛基复合材料虽然在航天航空领域显示出它巨大的应用潜力,但因其昂贵而复杂的制备过程以及性能上的各向异性难以推广应用。而原位生成的非连续增强钛基复合材料因其制备和加工工艺与钛合金相似,成本与钛合金材料接近,可望在航空航天和军工领域的许多高温结构中获得实际应用。TiB 具有优秀的高温稳定性,可以与钛基体通过原位反应生成，并且热膨胀系数与钛基体很接近，因此被认为是钛基体的理想增强体。然而，采用熔炼或普通的粉末冶金技术，由于材料在高温区滞留的时间过长，TiB 晶须严重粗化，因此大幅度降低了其增强效率。利用 SPS 技术火花放电、快速升降温的巨大优势，可以有效抑制烧结过程中增强相及基体晶粒的长大粗化，能在短时间内制备具有较大长径比的 TiB 晶须增强钛基复合材料，从而使得复合材料的力学性能大幅提高，而制备成本却得到有效控制。因此，SPS 技术有望成为未来高性能非连续增强钛基复合材料的主要制备生产技术。

作者从国家"十一五"计划开始就致力于放电等离子烧结技术及金属基复合材料成型技术的研究，本书正是作者 10 余年来研究工作的总结。在多年艰苦的研究过程中，作者得到了中国工程院院士才鸿年教授以及北京理工大学材料学首席专家王富耻教授的很多理论指导，受益匪浅，在此向才鸿年院士和王富耻教授表示由衷的感谢！同时也感谢北京理工大学李树奎教授、程兴旺教授、马壮教授以及兵器工业集团第 52 研究所付克勤研究员、史洪刚研究员，国营第 617 厂的李文刚研究员、马瑞进高工等多位同行在作者研究过程中所给予的协助与支持。另外，在书稿成形及编辑过程中，王琳、程焕武、王扬卫、陈为为、薛云飞、张洪梅、姜开宇、苗杰、魏赛、王虎、胡正阳、宋奇、王浩、尹仕攀等博士均提供了支持与帮助，作者在此一并表示感谢！

作者

2018 年 1 月于北京

目　　录

CONTENTS

第1章 放电等离子烧结技术

1.1 放电等离子烧结技术简介

放电等离子烧结(spark plasma sintering,SPS),也可以称为离子活化烧结(plasma activated sintering,PAS)、离子辅助烧结(plasma – assisted sintering,PAS),是在两电极间施加脉冲电流和轴向压力进行粉末烧结致密化的一种新型的快速烧结技术。该技术起源于美国科学家 Pantents 在 1933 年发表的利用电火花或者脉冲电流来辅助粉末烧结或金属连接的研究论文。SPS 技术集等离子活化、热压、电阻加热为一体,具有升温速度快、烧结时间短、冷却迅速、外加压力和烧结气氛可控、节能环保等优点[1-3],可广泛用于磁性材料、功能梯度材料、纳米金属、金属陶瓷复合材料、非晶材料等一系列新型材料的烧结,并在纳米材料、陶瓷材料等采用常规方法难以实现致密化的材料制备中显示出了极大的优越性,是一项具有重要工程应用价值和广泛应用前景的烧结技术。

传统的粉末致密化方法包括无压烧结、热压烧结或热等静压烧结。这些技术都存在的一个缺点就是烧结时间长,烧结速度慢,导致粉末颗粒在高温下的时间太长,在致密结晶过程中不可避免地产生粗大的显微组织并形成杂质相。SPS 属于一种特殊的粉末冶金工艺,与热压烧结虽有相似之处,但二者加热方式完全不同。热压烧结主要是采用电阻辐射加热的方式实现烧结,在烧结刚结束时,整个烧结腔体的温度基本是一致的。而 SPS 是利用直流脉冲电流直接通电烧结的加压烧结方法,通过调节脉冲直流电的大小来控制升温速率和烧结温度。SPS 过程中,直流脉冲电流通过上下压头和模具,直接对烧结粉体进行加热。直流脉冲电流的主要作用是产生高温等离子体、放电冲击压力、焦耳热和电场扩散作用。因此,SPS 烧结所需要的热量主要来自高温等离子体以及模具和粉末自身所产生的焦耳热。这使得烧结腔体的温度远低于模具的温度,因此 SPS 加热系统的热阻很小,升温和传热速度极快,系统累积的热量较少,导致烧结体的降温速度也很快。这就使得粉末在高温下的暴露时间短,能有效保留粉末细小的显微组织,细化晶粒。总之,SPS 技术使得材料的快速烧结成为可能。此外,SPS 过程中的放电效应能够清除在粉末颗粒表面形成的氧化物薄膜或粉末中残留的气体,清洁粉末颗粒表面,提高颗粒的烧结能力。

SPS 的整个烧结过程可以在真空环境下进行,也可在氩气、氮气等保护气氛中进行。SPS 技术可用于短时间、低温、高压(200～1000MPa)烧结,也可用于低压(0～30MPa)、高温(约2200℃)烧结,因此广泛应用于各种金属、陶瓷和复合材料的烧结成型,尤其对于一些用通常方法难以烧结致密的材料(如表面容易生成硬的氧化层的金属钛、铝等),用 SPS 技术可在短时间内烧结达到 90%～100% 的致密度。

1.2 放电等离子烧结技术发展历史

美国科学家 Pantents 首先在 1933 年提出了利用电火花或者脉冲电流来辅助粉末烧结或金属连接的技术。20 世纪 60 年代,日本在此基础上开发了更为先进的电火花烧结专利技术,日本井上洁博士于 60 年代初就致力于放电等离子烧结技术的研究,并著有《放电烧结加工》一书。当时由于存在生产效率较低等技术问题,该技术并没有得到推广应用。1979 年,我国钢铁研究总院自主开发研制了国内第一台电火花烧结机,用以生产金属陶瓷模具。1988 年,日本住友石炭矿业公司(Sumitomo Coal Mining Ltd. Co., SCM,现已更名为 SPSSYNTEX)推出了 Dr. SINTER 系列烧结炉,首次实现了 SPS 技术的商业化,至此 SPS 技术才逐渐被人们关注并在新材料研究领域得到应用。1990 年后,日本推出了可用于工业生产的 SPS 第三代产品,具有 10～100t 的烧结压力和 5000～8000A 的脉冲电流。2004 年,日本成功研制出了压力达 600t,脉冲电流为 25000～40000A 的第五代大型 SPS 装置以及集自动装料、预热成型、最终烧结为一体的隧道型 SPS 连续生产设备。与此同时,德国 FCT(FCT Systeme GmbH)公司也在开发大型的 SPS 系统。这使得 SPS 技术得以在民用工业及国防工业得到迅速而广泛的应用。与传统的粉末冶金技术相比,SPS 能够在更低的温度实现材料的快速致密化。而且,采用 SPS 技术制备得到的材料往往拥有更优秀的热力学性能。由此可见,材料制备效率和性能的大幅提升是 SPS 技术得以迅速发展的重要驱动力。

目前,在世界范围的大学、工业研究院所和企业中装备了 300 多台不同类型的 SPS 设备,国际上每年举办一次 SPS 研究成果交流会,发表的论文和申请的专利数量逐年快速增加,人们在研究开发的同时迅速把 SPS 新材料与技术推向工业应用。日本已建成了世界上第一条 SPS 工业生产线,用于规模化生产高性能低成本的超细晶耐磨材料,引起了材料研究界和产业界的极大关注。与此同时,SPS 新材料研究也已经在美国、欧洲、新加坡、韩国、印度、中国等地展开,瑞典学者采用 SPS 技术制备陶瓷材料的研究成果发表在 Nature 杂志上,可以在短短几分钟内制备出先进陶瓷材料,被认为是陶瓷生产工艺的革命性变化。在国内,从2000年前后开始从日本引进SPS系统,目前已经有20余所大学和科研机构引进了不同型号的SPS系统,广泛应用于纳米金属、复相陶瓷、复合材料及功能材料等新材料的研究和开发。

1.3 放电等离子烧结系统

SPS系统主要包括直流脉冲电源、垂直加压装置、气氛控制系统(真空、氩气)、水冷系统和辅助测量系统(包括温度测量系统、位置测量系统和位移及位移速率测量系统)。其中,直流脉冲电源是该系统的核心装置,尤其是大功率的直流脉冲电源制造难度较大,迄今为止国内尚无大功率直流脉冲电源的生产能力。图1.1是SPS系统结构示意图。目前国内引进的SPS系统主要为SPS-1050T、SPS-2050T以及SPS-3.20-MV等型号。日本已开发出具有模块结构可增设燃烧室的第五代SPS系统,包括JPX-120G、JPX-300G、JPX-600G等型号,烧结工作台尺寸为$\phi300 \sim 900mm$,烧结电极移动行程为$150 \sim 600mm$,烧结最大压力为$1200 \sim 6000kN$,最高烧结温度可达2200℃,最大输出脉冲电流为$15000 \sim 40000A$,可实现新材料的研发和批量化生产。图1.2为JPX-300G型SPS系统简图。

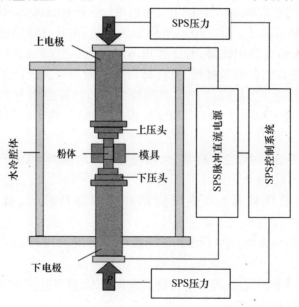

图1.1　SPS烧结系统结构示意图

图 1.2　JPX－300G SPS 烧结系统

1.4　放电等离子烧结技术特点

SPS 技术是一种快速、节能、环保的材料制备加工新技术。施加直流脉冲电流作为 SPS 过程独有的特点,会使烧结过程产生一些特有的现象,如图 1.3 所示。

SPS 技术将等离子活化、热压、电阻加热相结合,具有烧结迅速、晶粒细小均匀、产品致密度高等突出优势,对于实现高效优质、高性价比的材料制备具有重要意义,特别是在制备纳米材料、复合材料等的应用中表现出了极大的优越性。与传统的烧结工艺(无压烧结 PLS、热压烧结 HP、热等静压 HIP)相比,SPS 技术消耗的电能节省了 60% ~80% 。SPS 技术具有热压、热等静压技术无法比拟的优点。

(1) 可以急速升温,急速冷却,大幅缩短生产时间,降低生产成本(升温速率高达 500℃/min)。

(2) 烧结温度较低(与热压烧结和热等静压相比,烧结温度可降低 200~300℃)。

(3) 操作简单方便,SPS 设备占地面积小、自动化程度高、工艺流程短、运行成本低。

(4) 无需粉末预成型,可以直接烧结成致密体,特别适合于球形、非晶、纳米等特种粉末致密材料的制备。

(5) 具有独特的净化、活化效应(消除吸附气体,击穿氧化膜),轻松实现难烧结材料、多元素材料的烧结。

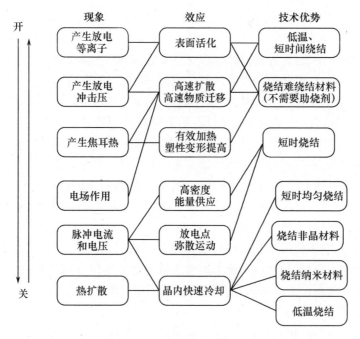

图 1.3　SPS 系统中脉冲电流的作用

（6）可制备直径为 300～350mm 的大烧结体,与无压烧结、热压烧结等通常的加工方法相比,可以在更加短的时间内作到品质均匀,材料致密。($\phi 200 \times 80$ 的陶瓷材料,1873K,热压 30h,致密度为 95% ,SPS 处理 3h,致密度达到 99.6% 。)

（7）可制备纳米材料、纳米混合材料、倾斜功能材料、电子材料、π 介子材料、精细陶瓷材料、金属间化合物等多种新材料,可以实现从多孔体到高致密体的自由材料设计,也可用于异种材料(如金属与陶瓷)的连接。

1.5　放电等离子烧结机理

1.5.1　SPS 过程中的放电效应

1. 导电粉体的 SPS 放电效应

SPS 作为一种先进、高效的材料制备新技术,已经引起材料及相关领域研究者的广泛关注。然而,与国内外大量利用 SPS 技术探索新材料合成制备的研究报道相比,由于理论研究的复杂性和缺乏有效的试验研究手段,关于 SPS 烧结机理的系统研究工作开展较少,学界目前对 SPS 烧结机理的认识并不统一。以日本 Tokita

教授为代表的一些研究学者认为,SPS进程的作用除有与热压烧结相同的焦耳热和施加压力引起的粉体颗粒塑性变形以外,施加的脉冲电流会在颗粒粉末间产生直流脉冲电压,使相邻颗粒间出现放电效应,这种效应产生了一些SPS过程所特有的有利于烧结的现象:首先,脉冲放电产生的放电冲击波以及电子、离子在电场中反方向的高速流动,可使粉末吸附的气体逸散,粉末表面的氧化膜在一定程度上被击穿,使粉末得以净化、活化;其次,由于脉冲电流是瞬间、断续、高频率发生的,在粉末颗粒未接触部位产生的放电热以及粉末颗粒接触部位产生的焦耳热,都大大促进了粉末颗粒原子的扩散,使得材料的扩散系数比通常热压等传统工艺条件下的要大得多,从而实现了粉末烧结的快速化;再次,快速脉冲电流的施加,使粉末内的放电部位及焦耳发热部位都会快速移动,从而使得粉末的烧结能够均匀化。当脉冲电流足够大时,会击穿颗粒的绝缘层。此时电场强度较高并覆盖整个粉体,放电效应剧烈,颗粒自发热效应明显,并且会出现局部高温,导致颗粒表面出现蒸发熔化现象,蒸发物质会沉积在颗粒接触点附近形成烧结颈。之后烧结颈由于热量扩散较快而快速冷却,导致该部位的蒸气压低于其他部位,从而使气相物质不断凝聚在烧结颈上面而长大,Tokita所阐述的烧结机理如图1.4所示[4,5]。

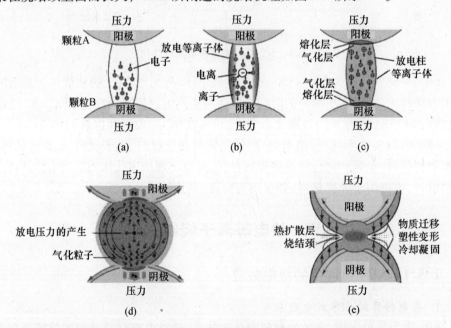

图1.4　SPS烧结机理

(a) 放电效应起始阶段;(b) 放电等离子体的产生;(c) 颗粒表面的熔化与气化;
(d) 放电冲击压力的产生及熔融颗粒的溅射;(e) 放电烧结颈的形成及塑性变形与凝固。

6

Omori[6]在采用 SPS 技术烧结金属粉体时观察到烧结过程中形成的"放电颈部"及粉末颗粒间的网状"桥连",并提出粉末颗粒微区存在电场诱导的正负极,在脉冲电流作用下颗粒间产生放电,激发等离子体,这种等离子体在烧结过程中对粉体颗粒表面起到了净化作用并促进了烧结。Ishiyama M 等[7]认为在脉冲电流的作用下金属颗粒之间可能产生等离子体,从而对烧结过程以及取向性晶粒的形成发挥作用;同时在脉冲电场的作用下金属原子的扩散自由能降低,加速了原子的扩散,并且自身电阻加热也有利于塑性变形。

肖勇等[8]认为,颗粒放电、导电加热和加压是 SPS 过程中的 3 个主要特征。除加热和加压这两个传统烧结方法都具有的能促进烧结的特征外,粉末颗粒间因放电而产生的等离子体具有很高的温度,能在颗粒表面产生局部高温而使表面局部熔化、表面氧化物剥落。粉末颗粒表面杂质和吸附的气体在高温等离子体的溅射和放电冲击作用下离开颗粒表面,从而使得粉末颗粒在烧结初期得到净化。他们认为,放电等离子烧结中产生的等离子体是区别于其他烧结方法的主要因素。等离子体是物质三态(固态、液态、气态)之外的第 4 种状态,是物质在高温或特定激励条件下产生的由大量正负带电粒子和中性粒子组成的物质状态。等离子体是电离后的高温导电气体,温度可达 4270 ~ 11270K,其气态分子和原子处于高度活化状态,而且等离子体内的离子化程度很高,这些性质在材料制备和加工技术中有非常重要的应用。通过加热、放电、光激励等可以产生离子体。放电产生的等离子体又包括直流放电、微波放电和射频放电等离子体,放电等离子烧结中利用的是直流放电等离子体。

图 1.5 是中位粒径为 10μm 的电解铜粉在 SPS 过程中的特征微观组织(烧结温度为 600℃)[9],显示了 SPS 过程中铜颗粒表面局部熔化、铜颗粒之间烧结颈的形成和连接等现象,从实验角度很好地揭示和验证了 Tokita 所阐述的 SPS 烧结机理。然而,在相同实验条件下进行热压试验得到的烧结体却没有如此明显的微观组织特征。由此可见,SPS 过程中的蒸发—凝固效率要高于普通的烧结方法。SPS过程中,在脉冲电流和施加压力的共同作用下,晶粒的体扩散和晶界扩散都得到加强,加快了材料的致密化速度。因此,SPS 可以在较低的温度下以较高的速度烧结并且获得高质量的烧结体。

图 1.6 是平均粒径为 1μm 的球形铜粉在 SPS 过程中烧结颈的形成和连接过程[10]。在初始烧结阶段,施加在试样上的脉冲电流强度较低,铜颗粒之间的放电效应也较弱。然而,由于颗粒之间放电效应和电流集肤效应的存在,铜颗粒表面的实际烧结温度高于测试烧结温度,在此阶段,大部分铜颗粒在电磁场和放电效应的作用下被活化,颗粒表面铜原子之间的结合力减弱,扩散能力增强,铜颗粒表面出现图 1.6(a)所示的帽形微观组织;随着烧结过程的进行,脉冲电流强度逐渐增大,

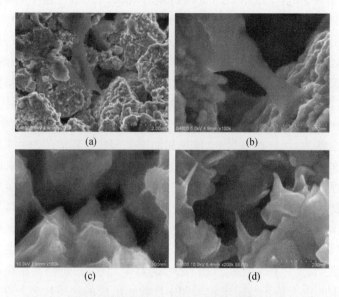

图 1.5　铜粉 SPS 过程中的特征微观组织

(a)铜颗粒之间的局部熔化组织；(b) 熔化组织放大图；

(c)铜颗粒之间的烧结颈；(d) 烧结颈放大图。

图 1.6　铜粉在 SPS 过程中烧结颈的形成和连接过程

(a)烧结帽的形成；(b) 烧结颈的形成；(c) 烧结颈的长大；(d) 烧结颈的连接。

铜颗粒之间的放电效应也逐渐加强,一部分铜颗粒表面的温度快速上升,当达到铜的熔点时,导致颗粒表面出现蒸发熔化现象,蒸发物质会沉积在烧结帽附近形成如图1.6(b)所示的烧结颈;之后烧结颈由于热量扩散较快而快速冷却,导致该部位的蒸气压低于其他部位的蒸气压,从而使气相物质不断凝聚在烧结颈上面而长大,如图1.6(c)所示;随着烧结过程的进行,相对铜颗粒上相邻的烧结颈会长大接触并最终相连,如图1.6(d)所示。一旦铜颗粒之间有部分烧结颈相连,脉冲电流便会直接由烧结颈通过这些铜颗粒,颗粒之间的放电效应便大幅减弱,此时焦耳热效应将会取代放电效应成为铜颗粒的主要加热方式。

依据铜粉在SPS过程中微观组织的演化规律,可将导电粉体材料的SPS致密化过程归结为以下几个阶段:金属粉末活化和净化;烧结颈出现和形成;烧结颈长大和连接;塑性变形快速致密化。只有这4个阶段依次并充分进行,才能获得高致密度的烧结体。

宋晓艳等通过对SPS烧结纯电解铜的研究[11],得出以下结论:在烧结初期由于电流密度较低,压力是影响烧结粉体致密化的主要因素。随着电流增大及烧结体温度的升高,且由于粉体中还存在较多的空隙,因此在这个阶段有大量的颗粒之间发生火花放电。在高频率的脉冲电流和放电等离子体的高速冲击下,颗粒表面处于净化和活化状态,尤其是在两个接触的颗粒之间,可能有上千安培的电流经过极小的颗粒间接触面积,必将在瞬间产生大量的焦耳热,足以使很小体积内的颗粒间接触部位发生局部熔化,使颗粒黏结在一起形成颈部。随着烧结温度的进一步提高,先前形成的颈部明显长大,粉体的气孔率已显著下降,脉冲放电的作用减小,电流流经导电粉体产生的焦耳热是此阶段烧结体致密化的决定性因素,颈部组织长大和彼此进一步黏结是此烧结阶段致密度显著增大的主要原因。

我们也通过一系列试验验证了Tokita教授等的学术观点,认为导电粉体在放电等离子烧结过程中确实存在着放电效应[9]。具体实验过程如下:在SPS – 3.20系统的上下电极之间放置7层石墨垫片,垫片的直径从上到下依次为150、120、80、60、80、120、150mm,垫片高度依次为20、20、40、50、40、20、20mm,在第2和第3层石墨垫片之间均匀分布一层厚度为0.3mm的TiB_2粉末,TiB_2粉体的平均中位粒径为4.5μm。首先对石墨垫片施加约2.8kN的压力,并将烧结腔体抽真空至0.5Pa。然后缓慢施加脉冲宽度为3.3ms的脉冲电流。当脉冲电流增加到760A时,第2和第3层石墨垫片之间出现了第1个放电点,此时对应的烧结时间是38s。15s之后,出现了第2个放电点,如图1.7(a)所示。红外测温仪显示,烧结时间为60s时放电点①、②处的温度分别为1027℃和1256℃,而中间石墨垫片的温度只有337℃。随着烧结过程的延续,①处的放电效应逐渐减弱,②处的放电效应逐渐加强。当烧结时间达到120s时,①处的放电效应已经消失,如图1.7(b)所示。当烧结时间达到 240s 时,②处的温度达到了 2088℃,此时中间石墨垫片的温度为992℃,如图 1.7(c)所示。在整个实验过程中,这两层石墨垫片的其他位置以及其余的石墨垫片之间并未出现放电现象。试验结果表明:在放电等离子烧结过程中,确实存在着放电效应,而且放电效应必须在适合的条件下才能被激发。

(a)   (b)   (c)

图 1.7　SPS 过程中的放电效应

(a) $t = 60s$, $T = 337℃$;(b) $t = 120s$, $T = 586℃$;(c) $t = 240s$, $T = 992℃$。

图 1.8 显示了 TiB_2 + Ti 复合粉体在 SPS 烧结后的微观组织。该复合粉体中,TiB_2 与 Ti 的体积含量分别为 80% 和 20%,两种粉体的平均中位粒径分别为 4.5μm和 30μm,纯度分别为 99.6% 和 99.8%。TiB_2 与 Ti 粉均为等轴颗粒状。首先将两种粉体在转速为 300r/min 的条件下通过球磨进行混合,球磨时间为 60min。然后进行放电等离子烧结。采用的 SPS 工艺为:烧结温度 800℃,升温速率 100℃/min,保温时间 5min,初始压力和烧结压力分别为 1、50MPa。烧结样品直径为 20mm。图 1.8 显示,烧结后复合材料中形成了明显的带状组织,经 XRD 检测,该组织的主要成分为 Ti。这表明 Ti 在 SPS 过程中发生了形态改变。但此时的烧结温度仅有800℃,远低于 Ti 的熔化温度,因此我们可以得出结论,即在 SPS 过程中确实存在着放电效应,而正是放电效应的出现,导致 Ti 颗粒表面温度急剧升高,当温度高于Ti 的熔点时,Ti 颗粒表层将发生局部熔化,从而导致 Ti 颗粒表层原子之间的结合力迅速降低。这样,在脉冲电流引发的电磁场作用下,熔融的 Ti 发生了溅射,当溅射形成的组织将相邻两个 TiB_2 颗粒连接起来时,形成了电流传输通道,颗粒之间的放电效应也即刻停止。若此时关闭电源,迅速冷却烧结坯料,便形成了如图 1.8所示的微观组织形貌。

2. 非导电粉体的 SPS 放电效应

很多研究者认为 SPS 烧结非导电粉体的过程中不会发生放电现象,而主要依靠焦耳热效应来加热样品,因此其作用与热压烧结相似。主要原因如下:在 SPS 过程中,烧结粉体上整体所加的电压远远低于火花放电所需的电压,例如,在室温时,厚度大于 100μm 的多晶试样,击穿电压应当大于 10^4V,当温度增加到 1000℃时,击穿电压为 10^3V,在 1400℃时,击穿电压大于 10^2V。尽管上述的试验中采用

 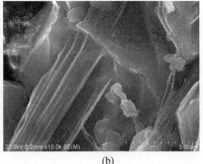

(a)   (b)

图 1.8 TiB_2 + Ti 复合粉体 SPS 烧结后的微观组织

(a) TiB_2 颗粒之间的带状组织；(b) 带状组织放大图。

的是块体试样而不是粉末材料,但对于施加在粉末试样上最多十几伏电压的 SPS 烧结过程来说,是不可能有足够的电压形成电击穿效应的。Tomino 等[12]的研究结果显示,当烧结电流为 1000A 时,直接通过非导电 Al_2O_3 粉体的电流小于 100mA; Carney 等[13]的研究结果也表明,脉冲电流的变化对于通过非导电粉体中的电流改变并无显著贡献。Hulbert 等[14]采用原位原子发射显微镜测量技术、原位光学显微镜观测技术以及超快原位电压测量技术 3 种方法对 SPS 烧结非导电陶瓷材料过程进行了原位测量,均未发现 SPS 过程中有颗粒间的放电现象或是等离子的存在。

　　然而,也有很多研究表明高温下脉冲电流可以作用在粉体上,强大电场可以击穿绝缘体,并在颗粒间放电产生等离子体,也可以达到活化和净化粉体的目的,促进陶瓷等非导电粉体的烧结。古屋泰文等对金属体系及 Al_2O_3 粉末的 SPS 过程进行了原位监测,利用粉体下面的传感器探测 SPS 过程中电磁波的变化,发现在基本波形中都叠加了二次诱导的噪声信号,说明烧结过程中无论导电、非导电材料都存在诱导电波。关于诱导电磁波这一现象的提出,Tokita 等学者也表示了相同的观点,但他们都没有对诱导电磁波产生的机理给出明确的解释。也有学者认为,脉冲电流烧结非导电材料过程中,模腔内同时存在脉冲电场和脉冲磁场的作用。同时, SPS 过程中最可能产生等离子体的区域是模腔中电磁场最强的区域,而最可能产生等离子体的时间是电流变化最大的瞬间。Omori 研究认为:加热首先通过石墨模具和压头的热传导进行;在高温下,由于脉冲电流作用,存在热和电击穿现象,并在粉体表面形成集肤电流,在颗粒间放电产生等离子,活化和净化粉体颗粒的表面,促进陶瓷粉体的烧结。张东明认为非导电陶瓷粉体的 SPS 烧结中,脉冲电流会在石墨模具系统内偏转,从而使烧结体中产生脉冲电磁场和二次电磁波热效应,从而使压坯中有局部高温产生。傅正义等通过对 SPS 温度场的模拟分析,认为烧结过程中最可能产生等离子体的区域是模腔中电磁场最强的区域（即靠近压头边缘的区域），烧结时最可能产生等离子体的时间是电流变化最大的瞬间。徐强等[15]对 SiC 陶瓷的 SPS 烧结过程进行了实验研究，认为 SiC 半导体材料的烧结过程可分为低温和高温两个阶段：低温时由于 SiC 电阻较大，电流不会流过粉体，所以其低温下的烧结机理不同于导体材料；高温时，SiC 电阻降低，再加上偏转电流产生的偏转电磁场的相互作用，可能在局部边缘有放电或等离子体产生，所以其高温下的烧结机理不同于非导体材料。综合来说，SiC 半导体材料的 SPS 过程中存在如下效应的共同作用。首先是焦耳热的作用，与普通烧结不同，SPS 过程中焦耳热是通过与粉体直接接触的石墨模具传导传热而得到的，所以其热效应更明显。其次是电场的作用。这与其他的烧结过程明显不同，电场的存在引起了高速等离子的迁移，电场活化，促进了原子的扩散和物质的传输。另外还有放电效应，由于偏转电磁场的存在，可能会产生放电效应，放电的产生会大大促进表面活化、高速扩散和高速的物质转移等效果。房明浩认为放电等离子烧结非导电粉体时存在电荷积累、感应电磁场和电场集中这 3 种效应，并诱发粉体中产生放电现象。他将非导电性材料 SPS 快速烧结的机理解释为：由于放电现象的产生，颗粒表面存在高温熔融层，这个熔融的液相层促进了颗粒表面发生黏性流动。颗粒发生重排，从而大大缩短了烧结时间；同时表观烧结温度远低于局部和瞬时的高温，即粉体的实际烧结温度比测量的温度要高许多。

前已述及，研究者认为非导电陶瓷粉体在 SPS 过程中不存在放电效应的主要依据是 SPS 的施加电压（6～30V）远低于陶瓷粉体的击穿电压（例如，对于纯的 MgO 和 Al_2O_3 来说分别为 150kV/cm 和 180kV/cm）。然而，Rachman Chaim 分析认为，一些微观结构参数，例如，坯体密度和均匀性、颗粒和气孔尺寸及分布、外界环境、加压模式（交流、直流、脉冲）、电压增长率、脉冲特性等可能都会对击穿电压产生影响。因此，非导电粉体颗粒在 SPS 过程中的放电效应明显被低估了。通过颗粒尺寸和温度，Rachman Chaim 深入分析了非导电陶瓷的 SPS 过程。

首先假定，粉体的电导率和介电性能都是不随温度而改变的常数。由于绝缘陶瓷的最佳本征击穿电压（直流）为 10^6～10^7V/cm，因此在陶瓷中很少观察到本征击穿，在低电压下经常发生的是其他类型的击穿机制，像热击穿、电击穿等。一个关于表面击穿的传统观点认为：使用范围为 10^6～10^7V/cm 的本征击穿电压，可通过一串相同尺寸、彼此相互接触的球形陶瓷颗粒来得到相同的电压梯度，颗粒的长度等于坯体的厚度（图 1.9（a）），全部电压梯度经过颗粒被平分。颗粒通过两个相对应的点相互接触，所以颗粒表面两个邻近的接触点之间的特征距离 L 等于晶粒直径 d。由于脉冲的施加，电荷在绝缘陶瓷颗粒表面积累，直流电流可以表示为

$$Q = \pi K \varepsilon_0 d^2 E \qquad (1.1)$$

式中:K 为颗粒的介电常数;ε_0 为真空介电常数;E 为施加的外电场强度。

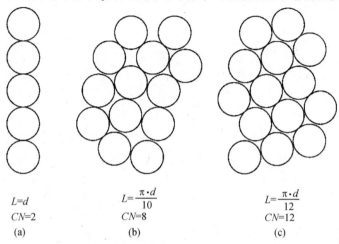

图 1.9　具有不同配位数的 3D 颗粒排列的二维表示
（a）线状排列；（b）随机密排；（c）充分密排。
L 为颗粒表面相邻接触点之间的特征距离。

　　分析可知,原则上表面击穿电压的范围是 0.1～1V/nm,当 Q 达到临界值时,可以忽视量子尺寸效应。因此,10V 的外加直流电压对于成线状分布的尺寸为 10～100nm 的颗粒的击穿电压来说是足够的。对于更加接近实际结构的三维球形颗粒来说,计算得到了相应的颗粒表面接触点之间的平均距离。随机密排(配位数 =8,如图 1.9(b)所示)和充分密堆积(配位数 =12,如图 1.9(c)所示)球形颗粒的坯体,可形成尺寸范围在 15～200nm 更大的颗粒,对其进行类似的计算,结果显示击穿电压可能会增加,如图 1.10 所示。在晶粒尺寸比 480nm 大的充分密堆积坯体中加上大小为 25V 的直流电压,不能满足电子击穿的条件。这说明在放电等离子烧结过程中,用典型的直流电压进行击穿,在粉体颗粒达到亚微米级甚至是纳米级的时候更容易进行击穿。也明确地表明了在放电等离子烧结过程中粉体颗粒的纳米性能对于促进电子击穿和放电行为的重要性。

　　除了颗粒的超细直径之外,纳米粉体另一个重要的特征是颗粒尺寸分布。对于积累电荷相同,直径分别为 d 和 D 的两个球形颗粒而言,由于相似的表面特性,颗粒表面的电场强度与颗粒直径平方成反比。因此,颗粒表面的电场强度比为

$$\frac{E_d}{E_D} = \left(\frac{D}{d}\right)^2 \tag{1.2}$$

　　因为 $D \gg d$,所以小颗粒表面的电场强度必然大于大颗粒表面的电场强度。因此,在脉冲期间的累计电荷的增加将首先导致小颗粒的击穿,而且击穿会首先发

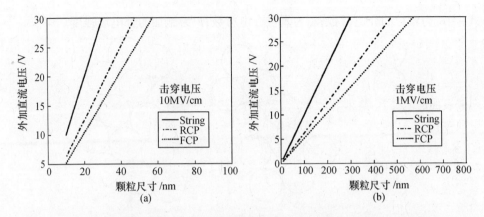

图 1.10　具有不同颗粒排列方式的陶瓷粉体在 SPS 过程中需要的击穿电压：
实线代表线状排列，点划线代表随机密排，虚线代表充分密排
（a）10 MV/cm；（b）1 MV/cm。

生在最细小的颗粒上。

　　另一个值得关注的问题是，在非导电陶瓷和介电陶瓷中相比于体电导率来说更要提高材料的表面电导率。非导电陶瓷颗粒可减小通过坯体粉体的总电流，尤其是在烧结初期。无论从理论研究还是实际操作方面，都有结论表明在 SPS 过程中，通过坯料的总电流相比于通过石墨模具的电流来说是小到可以忽略不计的。然而高的表面电导率有助于促进颗粒表面电荷的均匀化，表面电流与颗粒表面积是成正比的，而通过颗粒的体电流与颗粒的体积成正比。表面电流与体电流之比与粉体颗粒曲率半径之间也存在一定的比例关系：

$$\frac{I_{\mathrm{surf}}}{I_{\mathrm{bulk}}} \approx \frac{\pi d^2}{\frac{\pi}{6} d^3} = \frac{6}{d} \tag{1.3}$$

　　上式表明，随着粉体颗粒尺寸的减小，对于表面电流的影响显著增加。这会提高颗粒积累电荷的均匀化，也导致了表面击穿最先发生在尺寸最小的颗粒上。这样，表面击穿可以在更低的电流密度下发生，因此烧结体可以在低温下达到致密化。

　　另外，增加非导电粉体颗粒的温度，可以使点缺陷和载流子的浓度得以增加，从而提高它们与电场之间的交互作用。这样，粉体颗粒的表面电导率、介电常数和介电损耗也随之增加，而交互作用随着电场频率的降低和空间电荷极化作用的增强而增加。例如，室温下纯铝的介电损耗为 2×10^{-4}，而在 500℃、零频率的条件下能增加 5 个数量级，最有可能的原因是由于界面极化。介电性被认为是陶瓷粉体产生等离子体的一个主要因素，在某种意义上来说，较高的介电常数与颗粒表面高密度电荷的积累有关。在这些条件下，粉体颗粒周围存在的气体（碳基）分子，促

进了颗粒表面积累电荷的重新分布,并促进了颗粒表面偶极子的形成。低频下,对极化的贡献因素主要包括空间电荷和界面极化。因此,电子放电很有可能是由温度增加产生的热击穿或电离击穿所导致的。相关实验研究已经证实了脉冲电流是导致氧化铝粉体致密化程度提高的原因,而不是恒定直流电。脉冲电流可以保持颗粒表面的电荷积累,临界表面电荷的放电使周围气体电离形成等离子体,这又使得颗粒粉体表面的温度显著提高。而等离子体会导致颗粒表面的软化和局部熔化,又由于液体层的存在从而会促进烧结体的致密化进程。

大多数离子陶瓷,尤其是氧化物陶瓷,都存在相对大的能带间隙,因此表现为非理想的绝缘体而不是导体。施加外加电场时氧化物中的能量耗散过程取决于其物理性能,可以通过比较的方式计算出来。绝缘体单位体积的能量耗散 P_v 计算公式如下:

$$P_v = \frac{1}{2} \left[\sigma_{dc} + \omega \varepsilon_0 k(\omega) \right] E_0^2 \tag{1.4}$$

式中:σ_{dc} 为在零位频率的电导率;ω 为电场频率;$k(\omega)$ 为与频率相关的介质损耗因子;ε_0 为真空电容率;电场振幅 E_0 的计算公式为

$$E_0 = \frac{V_0}{d} \tag{1.5}$$

式中:V_0 为施加在厚度为 d 的样品上的电势。

在零位频率,例如,施以直流电压时,功率耗散与电导率成比例并且小到可以忽略。此时石墨模具热传导与热辐射是粉体得以升温的主要因素。相关计算和测量结果均显示,模具表面和坯体中心具有很大的温度梯度。因此相比热压烧结和热等静压烧结而言,SPS 可以在较低的温度下实现粉体致密化的主要原因是坯体中存在较高的温度梯度。SPS 要达到热平衡所需要的时间是 $3 \sim 5 \mathrm{min}$,而其他方法时间是 $10 \mathrm{min} \sim 1 \mathrm{h}$,这相比放电等离子烧结的时间要长很多。除了在高温下模具的辐射以外,粒子的其他加热途径,如在加热过程中等离子体的形成,也应该被考虑在内。对大多数陶瓷材料而言,升高温度会使得诱发颗粒产生放电的表面导电性提高。例如,MgO,Al_2O_3 和 YAG 在室温下都是很好的绝缘体,而在温度为 $470 \sim 630\,^{\circ}\mathrm{C}$ 时,MgO 的电导率由室温下的 $10^{-14}\mathrm{S} \cdot \mathrm{cm}^{-1}$ 突增到了 $10^{-7}\mathrm{S} \cdot \mathrm{cm}^{-1}$,其中电导率因素占了主导地位。在这个温度变化中,我们同样可以检测到表面电荷和静态介电常数($9 \sim 150$)的显著增加。在 $1000\,^{\circ}\mathrm{C}$ 时 Al_2O_3 的电导率从室温下的 $10^{-14}\mathrm{S} \cdot \mathrm{cm}^{-1}$ 增加到 $10^{-7}\mathrm{S} \cdot \mathrm{cm}^{-1}$。同样 YAG 的电导率在 $1000\,^{\circ}\mathrm{C}$ 时从室温下的 $10^{-14}\mathrm{S} \cdot \mathrm{cm}^{-1}$ 增大到 $10^{-7}\mathrm{S} \cdot \mathrm{cm}^{-1}$。

值得强调的是,颗粒尺寸无论对体电导率还是表面电导率的影响在纳米尺寸范围内都是不能被忽略的,如纳米晶 CaF_2(粒径为 $9\mathrm{nm}$)与亚微米晶(粒径 $200\mathrm{nm}$)

相比,电导率增加了3个数量级。这主要是与表面和界面缺陷浓度增加导致的空间电荷运输量的增加相关。

1.5.2　SPS过程中显微组织的演变机制

1. 显微组织的自调节机制

张久兴等[11]基于实验研究提出了SPS过程中烧结体显微组织演变的自调节机制。他们认为,在SPS过程中,由于初始粉料中颗粒大小不均以及外加压力在粉体中分布不均匀,在烧结初期,一些颗粒之间存在空隙,而另外一些颗粒(尤其是小尺寸组颗粒)形成团聚,颗粒之间处于紧密接触状态。图1.9示意了SPS过程中颗粒间接触面积的变化与电流的分布情况。设相邻一对颗粒间的接触面积为S,接触区域的厚度为l,材料的电阻率为ρ,在较低温度(一般 $<300℃$)下可看做是材料常数,但在较高温度下随温度升高而增大,常符合下列关系:

$$R = \rho l / S \tag{1.6}$$

$$\rho = \rho_0 + C_1 T + C_2 T^2 \tag{1.7}$$

式中:ρ_0为室温下材料的电阻率;C_1和C_2为电阻率的温度系数。

烧结开始阶段,电流比较小,温度较低,电阻率变化不大,颗粒间接触面积的影响显得尤为重要。接触面积较大的颗粒间接触区域的电阻小于接触面积较小区域的电阻,因此,分配到接触面积较大的颗粒间的电流较大,即$I_1 > I_2$,如图1.11(a)所示。电流I_1产生的大量焦耳热使颗粒接触区域的温度迅速升高,可能发生局部熔化或在压力的作用下产生塑性变形,形成颈部。随着颈部的长大,接触面积进一步增加,如图1.11(b)所示。伴随电流的不断增大,颈部组织内可以保持高的局部温度,导致此区域电阻率增大,电阻增加。当颈部组织的电阻超过其他颗粒间具有较小接触面积区域的电阻时,电流将趋于从接触面积较小的颗粒间流过,即$I_2 > I_1$。也就是说,在较高温度下电阻率对电流的局部流向起主导作用。于是,在原来接触面积较小的颗粒间形成颈部,并发生颈部长大,如图1.11(c)所示。如此交替进行下去,直至烧结体完全致密化。可见,早期优先形成的局部密实体及其内部晶粒组织在以后的烧结过程中并不能持续粗化,而是长大速度逐渐减小,最终烧结密实体中将获得较均匀的晶粒尺寸分布。该机制揭示了利用SPS技术能够制备高致密度、均匀、细晶组织材料的原因。

2. 显微组织的自发均匀化机制

熊焰等以3Y – TZP纳米陶瓷体系为研究对象,借鉴"两步法"(TSS)原理,对陶瓷材料的SPS致密化机理进行了探索研究,发现SPS过程能够实现陶瓷材料微观组织结构的自发均匀化。TSS要求在第一步烧结后材料的微观组织结构发生"冻结",并且形成不稳定的气孔结构。他们研究发现,当样品在第一步无压烧结

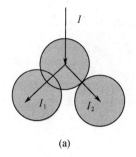 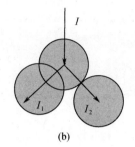 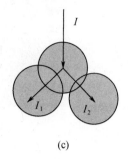

(a)   (b)   (c)

图 1.11　SPS 过程中颗粒之间电流分布

(a) $I_1 > I_2$；(b) $I_2 > I_1$；(c) $I_1 > I_2$。

后相对密度达到 ~83% 时,即可通过常规的 TSS 实现致密化,该研究结果与 Maza-heri 等采用相同初始粉体进行 TSS 烧结所得到的试验结果基本一致。由此确定了 1100℃ 为晶粒起始生长温度和 1175℃ 为"窗口"烧结温度。为进一步抑制升温过程中的晶粒生长,并提高第一步烧结后样品的致密度,他们采用 SPS 技术作为"两步法"烧结的第一步(记为 SPS – TSS)。然而,研究结果显示,采用 SPS 作为第一步烧结,虽然样品的密度达到了约 93% 且晶粒尺寸更小,但是在第二步烧结条件相同的情况下,样品的最终密度反而更低。

为了探究 SPS – TSS 的失效原因,熊焰等对第一步 SPS 制备的样品及第二步 1100℃ 无压烧结后样品的微观结构进行了表征,如图 1.12 所示。可以看出,SPS 烧结后样品的晶粒均匀细小,平均晶粒尺寸约为 65nm;气孔分布均匀,最大气孔尺寸约为 50nm。1100℃ 无压烧结 5h 后,平均晶粒尺寸约为 110nm;但是烧结体中部分气孔出现了异常生长,最大气孔尺寸达到了 500nm(图 1.12(b)),气孔生长因子高达 10 左右。这些大尺寸气孔无法在进一步的无压烧结过程中去除,因此保温 30 h 后样品的相对密度也只有 95.4%。微观结构对比表明:SPS 烧结样品中气孔尺寸细小,均匀分布于三角晶界,异常的气孔生长行为得到有效抑制,实现了"微观结构的自发均匀化"。他们将 SPS 过程中材料微观结构的自发均匀化归结于纳米陶瓷的"增强颗粒重排"。有别于经典理论中"颗粒重排"的定义,纳米陶瓷 SPS 中颗粒重排对于烧结的贡献大幅提升,而且有效作用阶段也向高密度烧结区间大幅延伸。与传统烧结方法相比,纳米陶瓷的"增强颗粒重排"行为能够在 SPS 过程中得到更加充分的利用。研究认为,辅助压力是实现 SPS 纳米陶瓷烧结微观结构的自发均匀化的关键因素,可能的电场、高速升温等参数对于 SPS 微观结构的自发均匀化并无决定性的影响。这一结果可能有助于非导体陶瓷材料 SPS 快速密实化机理的解释。

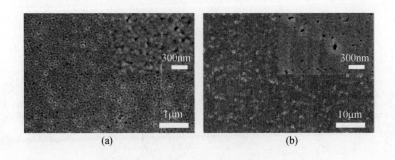

图 1.12　3Y – TZP 纳米陶瓷微观组织

（a）第一步 SPS 烧结后样品的微观结构；（b）第二步 1100℃ 无压烧结 5h 后样品的微观结构。

1.5.3　SPS 过程中电场的作用

前已述及,SPS 技术主要是采用直流脉冲电流通过模具和粉体实现材料的加热和烧结。在此过程中,由于模具上电流的存在使得粉体处于电场条件下,因此德国 FCT 公司将这种烧结方式命名为"场助烧结技术"（field assisted sintering technique, FAST）。然而,对于电场在材料快速密化过程中的作用和贡献,目前学术界仍然存在很大的争议。

不可否认,电场的存在对材料内部组织结构尤其是缺陷的形成与扩散速率等方面有着重要的影响作用。SPS 技术研究领域的知名学者 Munir 教授在其综述论文中提出,电场对于物质扩散的作用能够通过电子风效应、增加点缺陷浓度或降低缺陷扩散激活能等方式显现。Belmonte 等[16]基于 SPS 液相烧结 Si_3N_4 中颗粒重排与脉冲电压的相关性,提出了"电润湿"理论（electro – wetting theory）的烧结机理。Chen 等[17]在关于 SPS 烧结 8YSZ 的研究中观测到在烧结体中形成了异常的"波浪形"界面,如图 1.13 所示,并将其归结于电场存在条件下"界面扩散为媒介的离子风"效应。

然而,对于 SPS 过程电场的作用,也有学者提出了不同的观点,原因是 SPS 过程是利用大电流、低电压进行加热（以 Dr. Sinter 3.20 系统为例,最大电流 8000A,最大电压 15V）;这种模式下是否能有足够的电场强度对材料烧结产生较大的促进作用是争论的焦点。Langer 等[18]将非导体 Al_2O_3、半导体 ZnO 和离子导体 8YSZ 3 种材料在 150℃/min、50 MPa 的 SPS 条件下的烧结行为与相同压力热压烧结条件下的烧结行为进行了实验对比研究,发现两者在致密化机理上并无显著差异。

近年来,随着诸如闪烁烧结（flash sintering）等新型烧结技术的出现,电场对于烧结的促进作用引起了学者们的广泛关注。Raj 等[19]通过对模具的电路模拟指出,SPS 技术能够对 YSZ 材料的烧结过程提供足够的电场辅助。Grasso 等[20]将

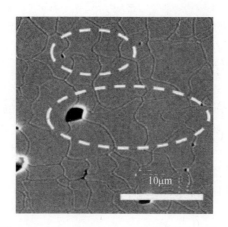

图 1.13　SPS 过程中 8YSZ 形成的波浪形晶界

SPS 技术与闪烁烧结技术相结合,提出了"闪烁 SPS"(flash spark plasma sintering, FSPS)技术,并成功将该技术应用于纯 ZrB_2 陶瓷的快速密实化。但是,目前对于电场在 SPS 过程中贡献的研究工作多是选择诸如 YSZ 等具有离子导体或半导体性质的材料为研究对象,对于非导电陶瓷材料是否都具有类似的促进作用仍然存疑。此外,电场在 SPS 过程中贡献作用的人小仍然缺乏有效的定量化表征千段。

综上所述,关于电场对于 SPS 烧结过程的促进作用,还需要在理论和实验上进行深入研究。

1.5.4　SPS 过程中脉冲电流的作用

Song 等[21]深入探讨和分析了 SPS 过程中脉冲电流的加热作用,认为导电粉末材料的 SPS 快速致密化源于电流焦耳热、脉冲电流的集肤效应、粉体颗粒上的涡流加热等因素的综合作用。

1. 脉冲电流的集肤热效应

假设有一空心圆柱形石墨模具,其长度为 L、内外径分别为 R_1 和 R_2,如图 1.14 所示。众所周知,当交变电流通过导电体时,由于电磁感应现象,电流在其横截面上的分布并不均匀——越靠近导电体表面,电流密度越大;越靠近导电体芯部,电流密度越小,亦即交变电流的"集肤效应"。根据电动力学的相关知识,对于一个空心圆柱导电体而言,集肤效应发生于其内壁。通常,电流接近导电体表面的程度由参数"透入深度" d_s 决定。"透入深度"定义为"电流密度是表层电流密度的 37% 的位置到表层的距离"。根据电磁感应理论,导电体横截面上的电流分布可以由下述方程表征:

$$j = j_0 e^{-d/d_s} \tag{1.8}$$

式中：j_0 为导电体表面的电流密度。

透入深度由下述方程表征：

$$d_s = \frac{503}{\sqrt{v \mu_r \sigma}} \tag{1.9}$$

式中：v 为交变电流的频率；σ 和 μ_r 分别为导电率和导电体的相对磁导率。

显然，交变电流的频率越高，透入深度就越小，从而使集肤效应越明显。对于石墨模具，其电阻率 $\rho = (8 \sim 13) \times 10^{-6} (\text{S/m})$，$\mu_r \approx 1$，通过式(1.9)计算得出其在100kHz 的交变电流下透入深度为 $0.45 \sim 0.47$cm。对于铁磁性材料，其 μ_r 值远大于1，因此在同为100kHz 的交变电流下将具有更加显著的集肤效应。

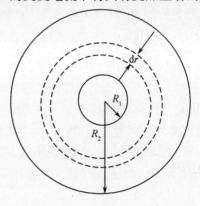

图 1.14　空心圆柱模具横截面示意图

假设通过模具的总电流密度为 I，由式(1.8)得

$$I = \int_{R_1}^{R_2} 2\pi r j \, dr = \int_{R_1}^{R_2} 2\pi r j_0 e^{-(R_2-r)/d_s} \, dr$$

$$= 2\pi r j_0 d_s [(R_2 - d_s) - (R_1 - d_s) e^{(R_2-r)/d_s}] \tag{1.10}$$

则有

$$j_0 = \frac{I}{2\pi d_s [(R_2 - d_s) - (R_1 - d_s) e^{(R_1-R_2)/d_s}]} \tag{1.11}$$

则模具产生的热量为

$$Q_1 = \frac{1}{2} \frac{2\pi L j_0^2}{\sigma} \int_{R_1}^{R_2} e^{-2(R_2-r)/d_s} r \, dr$$

$$= \frac{I^2 L}{16\pi \sigma d_s} \frac{[(2R_2 - d_s) - (R_1 - d_s) e^{2(R_1-R_2)/d_s}]}{[(R_2 - d_s) - (R_1 - d_s) e^{(R_1-R_2)/d_s}]^2} \tag{1.12}$$

20

在不考虑集肤效应的情况下,相同频率的交变电流产生的热量为

$$Q_2 = \frac{1}{2}I^2R = \frac{I^2L}{2\pi\sigma(R_2^2 - R_1^2)} \tag{1.13}$$

由式(1.7)和式(1.8)可得

$$\frac{Q_1}{Q_2} = \frac{R_2^2 - R_1^2}{8d_s} \frac{(2R_2 - d_s) - (2R_1 - d_s)e^{2(R_1 - R_2)/d_s}}{[(R_2 - d_s) - (R_1 - d_s)e^{(R_1 - R_2)/d_s}]^2} \tag{1.14}$$

以实际的石墨模具和频率为 100kHz 的交变电流为例,内外径与透入深度的数量关系为 $R_2 \approx 2R_1 \approx 10d_s$。将其代入式(1.14),很容易得到 $Q_1/Q_2 \approx 2.2$。显然,模具产生的热量会因集肤效应而增加;此外,透入深度越小,Q_1/Q_2 值越大。

2. 脉冲电流焦耳热效应

假设 SPS 过程中的脉冲电流如图 1.15 所示。通过傅里叶变换可知,一个周期脉冲电流可以视为若干不同交变频率的交变电流的叠加。

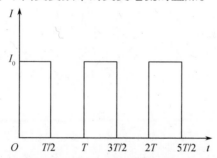

图 1.15　某脉冲电流与时间的关系图

我们将脉冲电流表示如下:

$$I = \begin{cases} I_0, & 0 \leqslant t \leqslant \dfrac{T}{2} \\ 0, & \dfrac{T}{2} < t \leqslant T \end{cases} \tag{1.15}$$

式中:T 为脉冲电流的周期。其傅里叶展开式为

$$I = a_0 + \sum_{k=1}^{\infty} \left(a_k\cos\frac{2\pi kt}{T} + b_k\sin\frac{2\pi kt}{T} \right) \tag{1.16}$$

其中:

$$a_0 = \frac{1}{T}\int_{-\frac{T}{2}}^{\frac{T}{2}} I\mathrm{d}t = \frac{1}{T}\int_0^{\frac{T}{2}} I_0\mathrm{d}t = \frac{I_0}{2}$$

$$a_k = \frac{2}{T}\int_{-\frac{T}{2}}^{\frac{T}{2}} I\cos\frac{2k\pi t}{T}\mathrm{d}t = \frac{2}{T}\int_0^{\frac{T}{2}} I_0\cos\frac{2k\pi t}{T}\mathrm{d}t = 0$$

$$b_k = \frac{2}{T}\int_{-\frac{T}{2}}^{\frac{T}{2}} I\sin\frac{2k\pi t}{T}\mathrm{d}t = \frac{2}{T}\int_0^{\frac{T}{2}} I_0\sin\frac{2k\pi t}{T}\mathrm{d}t$$

$$= \frac{I_0}{k\pi} [(-1)^k - 1] = \begin{cases} \dfrac{2I_0}{k\pi} \\ 0 \end{cases}$$

因此,式(1.11)可变换为

$$I = \frac{I_0}{2} + \sum_{k=1}^{\infty} b_k \sin \frac{2\pi kt}{T} = \frac{I_0}{2} + \sum_{n=0}^{\infty} \frac{2I_0}{(2n+1)\pi} \sin \frac{2(2n+1)\pi t}{T}, n = 0, 1, 2, \cdots$$

$$(1.17)$$

从式(1.17)可知,一个脉冲电流可以被视为电流强度为 $\frac{I_0}{2}$ 的直流电流和一组具有不同频率与振幅的交变电流的叠加。此外,通过式(1.17)可以得知交变电流的振幅和频率具有以下关系:

$$I_n = \frac{2I_0}{\pi T v_n} \tag{1.18}$$

显然,交变电流的频率越高,其振幅越小。

联立式(1.12)和式(1.18),可以得到不同频率的交变电流生热的热力系数为

$$\frac{Q_{1n}}{Q_{1m}} = \frac{I_n^2 d_{sm}}{I_m^2 d_{sn}} \frac{\left[(2R_2 - d_{sn}) - (2R_1 - d_{sn}) \exp(2(R_1 - R_2)/d_{sn}) \right]}{\left[(2R_2 - d_{sm}) - (2R_1 - d_{sm}) \exp(2(R_1 - R_2)/d_{sm}) \right]}$$

$$= \left(\frac{v_m}{v_n} \right)^{3/2} \frac{\left[(2R_2 - d_{sn}) - (2R_1 - d_{sn}) \exp(2(R_1 - R_2)/d_{sn}) \right]}{\left[(2R_2 - d_{sm}) - (2R_1 - d_{sm}) \exp(2(R_1 - R_2)/d_{sm}) \right]}$$

$$\times \frac{\left[(R_2 - d_{sm}) - (R_1 - d_{sm}) \exp((R_1 - R_2)/d_{sm}) \right]^2}{\left[(R_2 - d_{sn}) - (R_1 - d_{sn}) \exp((R_1 - R_2)/d_{sn}) \right]^2} \tag{1.19}$$

显然,不同频率交变电流组合的热生成取决于各组成部分频率的比例。例如,对于两个频率分别为 $v_n = 10$ kHz 和 $v_m = 100$ kHz 的交变电流,可以分别通过式(1.18)和式(1.19)计算得到两者的振幅比值 $I_n/I_m = 10$,透入深度比值 $d_{sn}/d_{sm} = \sqrt{10}$。假定 $R_2 \sim 2R_1 \sim 10d_{sm} = \sqrt{10}d_{sn}$,则根据式(1.19),有 $Q_{1n} \approx 36Q_{1m}$。如果不考虑电流的集肤效应,则有 $Q_{1n} = 100Q_{1m}$。换句话说,由于电流的集肤效应,交变电流中的高频率组分对材料的烧结贡献更多。

3. 涡电流和其他因素引起的热效应

由于模具结构是轴对称的,通过模具的脉冲电流在其横截面的分布也是轴对称的,因此晶粒内不会产生涡电流。然而,由于坯料的微观结构并不均匀,流经其中的脉冲电流通常会呈非对称分布;再加上穿过晶粒的磁通量随时间而变化,坯料中会产生涡电流。因此,每个晶粒都是一个微小的热量源,从而实现了原位烧结。然而,由于坯料的微观结构不均匀且晶粒形状不统一,目前尚无定量计算 SPS 过程中涡电流生热的具体方法。

另外,受热系统相对较小的热容和石墨模具较大的热传导率是 SPS 可以实现快速升温的其他两个重要因素。与传统烧结方法相比,SPS 的受热系统体积更小且坯料直接与模具接触,热传导率因此得到较大提升,进而可以实现快速升温。

4. 脉冲电流参量对 SPS 过程的影响作用

在 SPS 过程中,由于采用直流脉冲电流对粉体材料进行烧结,因此有必要探讨脉冲电流参量对 SPS 过程的影响作用。主要的 SPS 脉冲电流参量包括电流脉冲比(一个脉冲周期中电流开启和断开的时间比)、脉冲电流频率以及脉冲电流密度。下面针对这 3 个主要参量分别进行讨论。

Anselmi[4]等在保持输出功率不变的前提下,研究了电流脉冲比对 Si 层和 Mo 层的烧结作用。实验通过烧结在中间形成的反应层的厚度来表征烧结程度($MoSi_2$),从而反映不同情形下的烧结速率。研究结果表明,电流脉冲比对反应产物的形成和生长速率没有产生明显影响。然而,谭天亚等通过对球形铁粉的 SPS 处理过程进行研究后认为,电流脉冲比对烧结体的相对密度有较大影响。当脉冲比从 6:1 变为 12:2,24:4,48:8 时,烧结体的显微结构发生了明显的变化,颗粒间互相黏结,孔隙明显收缩,孔隙率下降,烧结体相对密度迅速增大。迄今为止,有关电流脉冲比对 SPS 过程影响的研究尚处于初步阶段,但研究者普遍认为,电流脉冲比对 SPS 过程的影响和所烧结的材料密切相关。

李元元等[22]采用不同脉冲频率的电流对球磨铁基粉末进行了烧结,研究了电流脉冲频率对粉体致密化过程、烧结体的微观组织及力学性能的影响规律。认为电流脉冲频率对烧结体密度的影响主要体现在烧结初期,在烧结后期采用不同脉冲频率的电流烧结得到的试样密度差别不大。主要原因如下:在烧结后期,由于烧结体的密度增加较快,粉末颗粒之间的接触面积增大,部分颗粒界面消失,颗粒界面电阻减小,颗粒内部与颗粒界面区域的温差减小,使得电流对粉末的加热方式由局部集中加热逐步转变为整体均匀加热,粉末在温度场和应力场的共同作用下发生整体的塑性变形,烧结体密度得以进一步上升。在有效电流强度相同的条件下,脉冲电流与直流电流在粉末中所产生的温度场较为接近。因此,在烧结后期不同频率的脉冲电流烧结得到的试样的密度并没有明显差异。Xie 等[23]对铝粉进行了实验研究,得到了相似的结论。

为了抛开热效应单独研究电流对 SPS 过程的影响作用,James 等[24]在保持烧结温度不变的前提下,对铜球和铜盘系统进行了 SPS 烧结模拟实验。实验结果表明电流密度对烧结颈的生长具有明显的促进作用。在相同烧结温度及相同烧结时间条件下,烧结颈的大小随着电流强度的增加而增加。他们通过对烧结颈横截面的观察,发现在烧结颈区域的外围存在相当面积的空隙,分析认为这是由电子迁移所引起的物质扩散形成的,且依赖于电流密度。因为电流导致空位浓度的增加,空位之间以及与杂质的合并,形成了宏观上的空隙。另外,他们还发现在烧结颈外围存在类似于光晕的现象,这是由该区域 Cu 的蒸发冷凝形成的壁架和被腐蚀的晶界。此外在冷却区域可发现薄的铜色沉积物,也为铜的蒸发提供了证据。分析认为,壁架的形成不是均匀的,它受离烧结颈外围距离的影响,距离越远现象越不明显。因为电流密度是随着与烧结颈外围距离的增大而减小的,所以它们的形成与电流密度大小有关。他们的研究得出以下结论:在无电流的情况下,烧结为体扩散机制;在脉冲电流作用下,电子迁移增强了物质的扩散,促进了烧结颈的长大,且在电流密度最大的区域扩散现象最明显,最终促进了材料的致密化进程。

1.5.5 SPS 过程中压力的作用

在烧结过程中通过施加压力促进材料的致密化进程,是 SPS 技术与传统热压烧结技术共同具备的特点。因此,一些经典的压力辅助烧结模型在 SPS 技术研究中也得到了相应的修正和使用。

Bernard 等[25]通过引入"应力—速率"模型研究了 100 MPa 压力条件下3Y – TZP 纳米陶瓷的 SPS 致密化过程,指出在不同阶段,材料的烧结行为受不同致密化机理主导。SPS 过程一个典型的实验现象是相对密度处于 50% ~90% 这一区间时具有较大的致密化速率,在固相烧结中最大的致密化速率能够达到 10^{-3}/s 量级,在液相烧结中则可高达 10^{-2}/s 量级。Xu 等[26]借助于 4 种基于原子扩散相关过程的经典压力辅助烧结模型对 3Y – TZP 纳米陶瓷 SPS 过程早期的有效激活能进行了研究,结果表明实验所得到的数值远低于理论计算值。Langer 等对比了 3 种材料的 SPS 烧结行为和热压烧结行为,并将材料在 SPS 条件下的快速致密化归结于更高压力的使用。Gender 等[27]在碳化锆材料的 SPS 致密化过程中观察到晶界与晶内存在大量的位错缺陷,并提出材料的高温塑性变形是致密化的主要机制。Ji 等[28]近期也报道通过 SPS 技术以塑性变形为主要致密化机制制备了 B_4C 陶瓷。

传统热压过程一般为静态的外力载荷。Xie 等提出了振荡压力波与热场耦合烧结新技术——振荡热压烧结,并且成功将其应用于氧化锆、氮化硅等材料的制备;与传统热压烧结技术相比,振荡热压烧结在制备效率和材料性能方面优势明显。SPS 技术是通过滤波器将交流电转化为直流脉冲电流实现对样品的加热,以Dr. SINTER 设备为例,系统优化设置的脉冲比为 12:2。Salamon 等[29]通过调整系统脉冲比,在 SPS 过程中成功引入了振荡压力;此外还可以在 SPS 中通过压力输出设定,以"热锻"(Hot Forging)方式实现材料微观结构的织构化。Zhao 等[30]在SPS 中对 Bi_2Te_3 进行热锻处理,有效提高了材料的热电性能与机械性能。

SPS 过程压力的加载时机对材料的性能也会产生影响。图 1.16 显示了中位粒径为 1μm 的球形铜粉经 SPS 致密化处理后烧结体的相对密度和平均晶粒尺寸随初始压力的变化关系曲线[31]。SPS 工艺参数如下:烧结温度为 $T = 800℃$,升温速率为 $v = 80℃/\min$,保温时间为 $t = 6\min$,在烧结温度达到 800℃ 时加压至烧结压力 $P_2 = 50\text{MPa}$。可以看出,随着初始压力的增大,烧结体的相对密度不断减小,但二者之间并不是简单的线性变化关系。在初始压力小于 30MPa 时,相对密度基本随初始压力的增大而线性减小,当初始压力超过 30MPa 时,烧结体的相对密度便不再有明显的下降。烧结体的相对密度和初始压力之间呈现出这种变化关系和 SPS 的烧结机制密切相关。对于金属材料粉体而言,由于具有较高的活性,在制备或使用过程中往往会吸附少量的气体,有些金属粉体会在其表面形成氧化物薄膜。在烧结初期,虽然整体烧结温度较低,但由于 SPS 的放电效应,一方面会击穿颗粒表面的氧化物薄膜,产生新的气体,另一方面会形成局部高温,有时甚至会在粉体颗粒表面形成烧结颈并迅速连接,导致粉体出现局部致密化现象。此时若施加较高的压力,粉体颗粒之间的间距就会减小,这样将有更多的颗粒满足放电条件,从而加剧了颗粒之间的放电效应,促进了粉体材料的局部致密化进程,使得粉体颗粒之间吸附的气体以及新产生的气体不能及时排出,最终形成封闭气孔。而这种封闭气孔一旦形成,在后续的烧结过程中便很难去除。图 1.17 为初始压力 P_1 分别为 1MPa 和 40MPa 时得到的烧结体的微观组织,显然采用高的初始压力会导致烧结体中出现较多的气孔。另外,相关研究结果表明,初始压力对烧结体相对密度的影响和粉体种类、颗粒大小及形态均有关系。初始压力对烧结体平均晶粒尺寸不产生显著的影响。

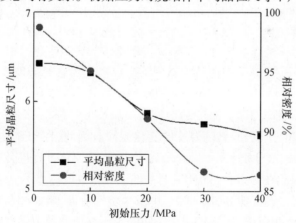

图 1.16 初始压力对烧结体相对密度及平均晶粒尺寸的影响规律

研究结果表明,对于金属材料而言,烧结压力一般在烧结中后期施加,而在烧结除初始阶段仅施加较小的压力(保证电解与模具紧密接触并通电),这样有助于粉末内部吸附的气体以及由于放电效应击穿颗粒表面氧化物薄膜而产生的气体逸出,从而可以有效提高烧结体的密度。而对于陶瓷材料,由于粉末颗粒活性较低,

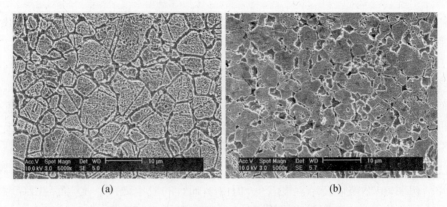

(a)

(b)

图 1.17   不同初始压力下烧结铜的微观组织
(a) $P_1 = 1\,\mathrm{MPa}$；(b) $P_1 = 40\,\mathrm{MPa}$。

一方面颗粒吸附的气体较少,另一方面粉末在 SPS 过程中的放电效应也较弱,不易在烧结初期形成局部致密化现象,因此目标压力一般在烧结前期就完全施加在样品上。然而,Wang 等[32] 在采用 SPS 技术制备透明 $MgAl_2O_4$ 时发现:随着低温阶段施加于烧结粉体的预压力提高,最终烧结体的均匀性与光学透过率都有所降低。NIMS 的研究人员在透明 Al_2O_3 陶瓷的制备中也观察到了类似的实验现象,并且指出在 SPS 过程中采用分步加压的方式有利于高升温速率条件下提高透明 Al_2O_3 陶瓷的透光率。Santanach 等也认为压力的分步施加更加有利于促进粉体在高温阶段的滑移与旋转。

　　Rachman 深入讨论了压力在非导电陶瓷粉体 SPS 致密化过程中的作用。他认为,在 SPS 过程中,压力是陶瓷粉体实现快速致密化的必要条件。另外,在高温下更为重要的指标是作用于陶瓷颗粒上的外加压力与其塑性屈服应力的比值。氧化物陶瓷的塑性屈服应力随着温度的增加而单调递减。图 1.18 显示了 MgO,Al_2O_3 和 YAG 陶瓷的塑性屈服应力随温度的变化规律。因此,在 SPS 过程中,当烧结温度确定时,一旦外加压力达到了颗粒的屈服应力,致密化过程将会以塑性变形的方式加速进行。因此在压力为 100MPa 的条件下进行放电等离子烧结,MgO,Al_2O_3 粉体将会分别在温度高于 750℃ 和 900℃ 下发生塑性变形,假如没有更快的致密化机制存在的话,像这种瞬时的,不依赖于时间的变形在快速致密化方面可以被认为是一种优选的机制。然而,如果在较高的温度下仍存在高的屈服应力(例如,钇铝石榴石 YAG 在 360MPa 1785℃ 下屈服应力是 360MPa),那么在 SPS 过程中应该存在其他的快速致密化因素。例如,在颗粒表面的黏滞层导致的晶粒旋转凝结等。

　　采用热等静压模型构建纳米级 MgO 在 SPS 过程中($0.3T_m$)的致密化图谱,假设粉体颗粒屈服应力不随着颗粒尺寸而变化。依据屈服准则,在热等静压烧结中,

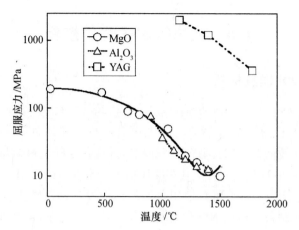

图 1.18 MgO，Al₂O₃和 YAG 陶瓷的塑性屈服应力随温度的变化规律曲线

发生塑性变形且达到 90% 的相对密度时需要的最小外加压力为

$$P_{\min} = \frac{3\sigma_y}{4\pi}(\rho - \rho_g)\left[160(\rho - \rho_g) + 16\right] \tag{1.20}$$

式中：σ_y 为屈服应力；ρ 为相对密度；ρ_g 为坯体初始密度。

图 1.19 为纳米 MgO 在不同 SPS 温度条件下相对密度与临界应力的关系曲线。从中可以看出，在 100MPa，800℃ 的条件下，坯体相对密度从 0.64（球形颗粒随机密排）增大到 0.77（图 1.19 箭头处），实现了快速致密化。而进一步的致密化过程（直至完全致密）则由扩散控制，且发生在一个小的温度区间中（如 750 ~ 850℃），此时 SPS 的持续时间就显得十分重要了。Rachman C 也通过相关实验验证了上述理论分析结果。

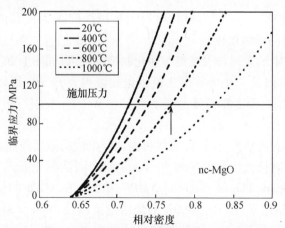

图 1.19 纳米 MgO 在不同 SPS 温度条件下相对密度与
临界应力的关系曲线（压坯初始相对密度为 0.64）

1.6 放电等离子烧结模具

1.6.1 SPS 模具材料

由于石墨材料具有导电性强(电阻率约为 $15\mu\Omega m$)、耐高温(熔点高达 3850℃)、易于加工、成本较低等优点,一般被用作实验室条件下 SPS 的模具材料。但是石墨的强度较低,尤其是国产石墨的抗压强度普遍低于 80MPa,进口优质石墨的抗压强度也在 200MPa 之内,使其在高压粉末冶金领域的应用受到限制。当 SPS 温度较低时(小于 1000℃),可以使用普通的热作模具钢及硬质合金模具。例如,在采用 SPS 技术制备低熔点的纳米金属或合金时,为防止晶粒快速长大,要求烧结温度不能过高,同时需要较高的烧结压力,此时采用高强硬质合金模具是一个较佳的选择。随着 SPS 技术的发展与大规模工业化制造的要求,一些新型的模具材料也在 SPS 过程中得到应用,例如,碳碳复合材料模具,各种导电陶瓷模具等。

1.6.2 SPS 模具结构

SPS 所用的模具一般为单模腔、对称圆柱体结构的石墨模具。根据 Lames 公式,可以推导出模具材料能够承受的极限烧结压力的计算式(1.21),将该式变形后可以对模具材料的壁厚进行设计,依据此式得出,将模具的壁厚设计为模具内径的 0.5 ~ 0.6 倍,即可充分发挥模具材料的使用效率。

$$P = \frac{\sigma_s}{\sqrt{3}} \left(-\frac{r^2}{R^2} \right) \cdot \left(\frac{1-\nu}{\nu} \right) \tag{1.21}$$

式中:P 为极限烧结压力;σ_s 为模具材料的抗压强度;r 为模具内径;R 为模具外径;ν 为被烧结材料的泊松比。

随着 SPS 技术的发展与大规模工业化制造的要求,如图 1.20 所示的多模腔模具、一模多样模具以及一些特殊形状模具也相继得到开发。例如,日本株式会社 NJS 目前已经采用一模多样模具实现了大尺寸 WC/Co 金刚石切割刀片的工业化生产。

为了制备致密的纳米材料,需要尽可能地降低烧结温度并提高烧结压力,以抑制晶粒在高温下的长大粗化。2006 年 Munir 研究团队率先开发了高压 SPS 技术(High Pressure Spark Plasma Sintering, HP – SPS),在 1GPa 的烧结压力、200 ~ 400℃/min 的升温速率、1000 ~ 1500A 的烧结电流以及 5min 保温时间的条件下成功制备了相对密度大于98%、平均晶粒尺寸约为 10nm 的 ZrO_2 和 Ce_2O_3 陶瓷。图 1.21(a)所示为 HP – SPS 所用模具的结构示意图,主要是通过模具嵌套的方式将

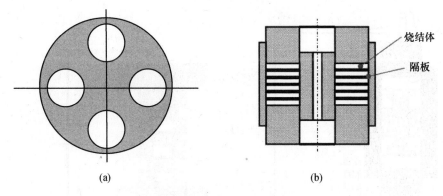

(a)   (b)

图 1.20　特殊结构模具

（a）多模腔模具；（b）一模多样模具。

SPS 过程的轴向压力提高至 1GPa。Munir 认为高压力在烧结初期有利于颗粒的重排和打破团聚体；而烧结后期颗粒在高压力下的塑形变形是促进材料致密化的关键。由于在烧结过程中采用了 SiC 压头，基本阻隔了电流与烧结体的接触，样品的加热主要通过石墨外套的热传导，因此该方法更加类似于传统热压烧结，Trunec 等[33]将这种烧结方法命名为"暖压烧结"（warm press sintering，WPS）。高压力下样品的烧结温度大大降低，有效抑制了晶粒的粗化生长，开辟了纳米材料制备的新方法。Sokol 比较了烧结压力对纳米晶镁铝尖晶石微观组织和力学性能的影响规律，发现在 400MPa、1200℃下制备的镁铝尖晶石的晶粒平均尺寸为 170nm，而在 1000MPa、1000℃下制备的镁铝尖晶石的晶粒平均尺寸仅为 50nm，材料的显微硬度也大幅度提高，达到了 18.54GPa。研究认为，在 HP – SPS 烧结后期，晶界滑移成为材料致密化的主导因素。Shaghayegh 等也通过 HP – SPS 技术制备了纳米晶氧化铝陶瓷，认为高压力有助于提高材料的性能。然而，Irina 等在 7.8GPa 的超高压力下制备了 $ZrC – Mo(1550℃)$ 和 $ZrC – TiC(1950℃)$ 复合材料，与 100MPa 压力下（相同烧结温度）制备得到的复合材料进行对比分析，发现两种压力下制备的复合材料的硬度和断裂韧性并没有明显的区别。以上研究结果表明，在 SPS 过程中，对于不同的材料体系，压力对烧结样品的微观组织和力学性能的影响程度存在较大差别；而且，该影响程度随烧结压力的增大而减小。

　　Shen 于 2008 年在采用 SPS 技术制备 Al_2O_3 陶瓷时提出了无压 SPS 技术（pressureless spark plasma sintering，PL – SPS）的概念。PL – SPS 技术所用模具如图 1.21（b）所示，通过将传统石墨模具改造成为坩埚形态，完全阻隔外力施加与可能的等离子/电场等因素作用，充分利用 SPS 高速升温的特点抑制纳米粉体合成过程中的晶粒长大。Xie 等人采用 PL – SPS 技术合成了纳米 ZrC 粉体，成功实现了细晶 ZrC 陶瓷的低温制备；然而，David S 等在采用 PL – SPS 技术快速制备 ZrO_2 陶

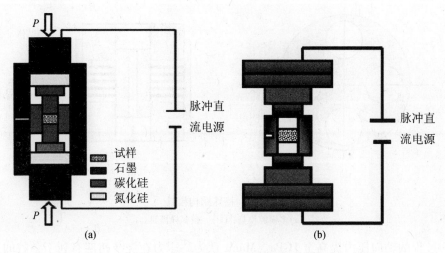

图 1.21　SPS 用高压无压模具

(a)高压模具；(b)无压模具。

瓷(500℃/min 的升温速率)研究过程中发现,超高速的升温过程反而会激发晶粒的迅速长大。

由于 SPS 是利用脉冲电流对模具和粉体进行加热的,因此利用通过阶梯状石墨模具横截面上电流密度不同的特点,可以在烧结过程中在模具上产生温度梯度。此举为烧结行为差异较大的复合材料,特别是一些功能梯度材料的制备提供了便利。Hong 等[34]采用非对称锥形模具实现了 ZrB₂/SiC/ZrO₂ 叠层复合材料的制备,Liu 等[35]通过对 SPS 温度场进行调控实现了基于单一 Ti/AlN 原料组份基础上的 Ti₂AlN/TiN 功能梯度复合材料的制备。

1.7　放电等离子烧结过程数值模拟研究

SPS 的加热速度远高于传统烧结方法,因此在试样内部以及系统各组件之间容易出现温度分布不均匀的现象。由于试样内部的温度在烧结过程中难以直接测得,系统烧结温度的监测点一般选取在模具表面或内部。但是试样的中心温度与模具表面由于 SPS 的加热特点而存在温差,Hwan[36]等在 SPS 烧结 Ni 粉的实验中,发现试样中心与模具表面的温差超过了 130K;而 Tomino 在使用 SPS 技术烧结 Cu 粉的实验中测得试样中心与模壁之间的温差高达 200K。为了得到 SPS 过程中的真实的烧结温度,以便更好地控制 SPS 的烧结过程,提高制品的综合性能,许多学者采用了数值模拟或者实验测量与数值计算相结合的方法来研究放电等离子烧结过程的温度场、电场和应力场的分布及变化情况。

Fessler[37]最先采用非耦合方法研究了电场固化(electro consolidation,也即放电烧结)烧结过程,引起了用数值计算方法研究 SPS 过程的热潮。Wang 等通过解一维的傅里叶方程来计算模具与试样中的温度差,得出材料的热传导系数越高,模具与试样中的温度差越小的结论;Matsugi 等采用有限差分法对压头、模具及试样进行热电耦合分析,得到了 SPS 过程中的电压和温度场分布;Zavaliangos 等建立了 SPS 过程的热电耦合模型,并采用有限元法对 SPS 过程进行了数值模拟,得到了试样—模具—压头系统中的温度场分布,研究发现在试样的径向和轴向上都出现了较大的温度梯度;Anselmi 等采用有限体积法研究了 Cu 和 Al_2O_3 试样中的温度分布和电流分布;杨俊逸等[38]采用 Femlab 中的 PDEs(偏微分方程)模块及电磁场模块对 SPS 过程进行了热电耦合模拟,得到试样和模具中的电流分布、焦耳热分布和温度场分布,结果表明 SPS 过程中存在较大的径向温度梯度,电流密度的分布对焦耳热、温度场的分布有较大影响;刘雪梅等[39]应用 Marc 软件对 Cu 粉放电等离子烧结过程进行了模拟,发现烧结系统内存在很大的热能梯度,试样中的电流密度高于模具,导致试样中心的温度大于模壁中心的温度;他们还建立了用于模拟导电材料在 SPS 过程中粉末颗粒间热传导行为的计算模型,并对颗粒内部的温度分布和颈部尺寸变化进行了模拟计算和分析,认为 SPS 过程中粉体颗粒内部的温度分布非常不均匀,颗粒间接触部位到颗粒中心存在显著的温度梯度,颗粒间颈部温度远高于烧结温度;而且随着烧结温度的升高,从烧结颈部到颗粒心部的温度梯度变小,颗粒表层趋近材料熔点温度的区域增多;另外,颈部尺寸的长大速度在烧结各阶段中明显不同,表明粉末材料的致密化速度在烧结过程中并不一致,除烧结温度外,原始粉料的颗粒尺寸也是影响烧结颈部形成及长大的重要因素,初始粉末粒径不同,所需起始烧结温度不同,颈部长大速度也不同。他们的研究成果揭示了 SPS 过程中烧结颈部形成和长大的关键机制,从本质上说明了 SPS 致密化机制优越于传统烧结的重要原因。Wang 等[40]采用有限元方法对 Al_2O_3 陶瓷和 Cu 块体 SPS 过程中的应力场、温度场分布进行了模拟,结果显示尽管直径为 20mm 的 Cu 试样中内部温差仅为 1%,但其应力梯度却达到了 33%,提出不仅仅是温度梯度,还有应力梯度是导致材料微观结构和材料性能出现不均匀性的主要因素,并认为压头的最大剪切应力是造成压头破碎的主要原因,如图 1.22 所示。Maizza 等[41]采用多物理场有限元分析软件 COMSOL 模拟了 WC 在电流控制模式下的 SPS 过程,该模型实现了温度场、电场和位移场之间的耦合,并利用动网格技术模拟了运动压头和固定模具之间变化的接触热阻和接触电阻;Wang 等[42]建立了 Al_2O_3 陶瓷材料 SPS 过程的热电结构耦合模型,并考虑了接触电阻和接触热阻,给出了相应的数学表达式,模拟分析了加热速度和试样大小对试样内部温度分布和应力分布的影响;肖勇等采用有限元方法对钛合金 SPS 过程的温度场和结构场进行了数值模拟研究,认为随着升温速率的提高,试样中的温度梯度不断增大,而随着试样和模具尺寸的增大,升温速率对试样内部温度梯度的影响减小。而且发现试样中最大的温度梯度一般出现在离试样边缘 1mm 处。Vanmeensel 等[43]通过对 SPS 烧结导电 TiN 和非导电 ZrO₂ 两种陶瓷材料的温度场进行了有限元模拟,对比结果表明:非导电 ZrO₂ 陶瓷内部的温度由靠近模具内壁端向样品内部逐渐降低,而对于导电 TiN 陶瓷材料的温度由样品中心向靠近模具内壁端逐渐降低;并且导电样品中存在更大的径向温度梯度。其原因可归结于电流能够直接通过导电样品,因此具有更大的热损失。Xiong 等[44]在采用 SPS 技术制备半透明 AlN 陶瓷时也发现在不添加烧结助剂的条件下很难制备大尺寸、颜色均匀的样品,其原因可归结于 SPS 烧结非导电陶瓷样品过程中样品内部温度场分布不均匀。

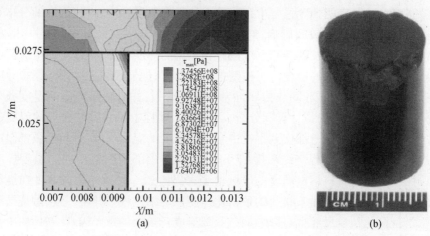

图 1.22 石墨垫片与压头接触处的剪切应力分布和石墨压头破碎形貌

我们采用热—电—结构耦合有限元技术,模拟了采用特殊结构的石墨模具烧结梯度复合材料过程中的温度场。图 1.23 是在制备 Ti/TiB 梯度复合材料过程中设计和采用的石墨模具[45-47]。Ti/TiB 梯度复合材料由 5 层 Ti – TiB 复合材料构成,从上到下各层中 Ti 含量依次为 45%、55%、65%、75% 及 85%。各层厚度均为 4mm,样品总厚度为 20mm,样品直径为 30mm。由于每层中金属和陶瓷含量各不相同,因此制备过程中需要烧结温度从上到下呈不断减小的变化趋势,即要产生一定的温度梯度,这样才能制备得到力学性能优良的梯度复合材料,避免采用同一温度烧结时出现的过烧或不致密等情况的出现。为了更好地描述试样内部的温度分布,在试样内部取如图 1.24 所示的矩形进行研究。线段 CD、EF、GH 和 IJ 代表各层之间的界面;线段 AB、KL 和 BL 代表试样的边界;线段 AK 代表试样的中轴线。

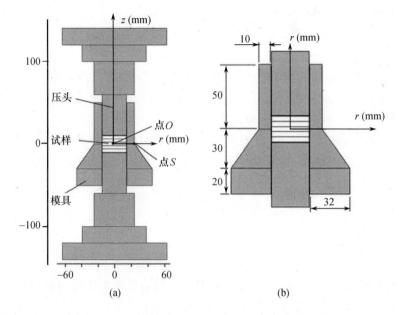

图 1.23　Ti/TiB 梯度复合材料制备过程中采用的石墨模具

(a)整体结构；(b) 具体模具结构。

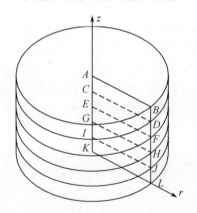

图 1.24　Ti/TiB 梯度复合材料样品结构示意图

1. 基本函数关系

电流的数值模拟是在电流守恒公式的基础上进行的：

$$\nabla \cdot \boldsymbol{J} = 0 \tag{1.22}$$

式中：$\boldsymbol{J} = \sigma \boldsymbol{E}$ 为电流密度，$\boldsymbol{E}$ 为电场强度，σ 为电导率。

因为 $\boldsymbol{E} = -\nabla U$，$U$ 代表电压，所以式(1.22)可改写为

$$\nabla \cdot \boldsymbol{J} = \nabla \cdot (\sigma \boldsymbol{E}) = \nabla \cdot (-\sigma \nabla U) = 0 \tag{1.23}$$

温度的数值模拟是以能量守恒定律为基础建立的：

$$\nabla \cdot f + \rho C_p \partial T / \partial t = h \tag{1.24}$$

式中 $f = -\lambda \nabla T$ 为热流密度；ρ 为密度；C_p 为热容；T 为温度；t 为时间；λ 为热导率；$h = \boldsymbol{J} \cdot \boldsymbol{E}$ 为单位时间单位体积的电流产热率。

式（1.24）可以改写为

$$\nabla \cdot (-\lambda \nabla T) + \rho C_p \partial T / \partial t = \boldsymbol{J} \cdot \boldsymbol{E} \tag{1.25}$$

为了保证模拟的真实性，在模拟温度场分布时将模具—样品、模具—压头、压头—样品之间的接触电阻和接触热阻考虑在内。通过上述接触界面的电流和热流密度由下两式决定：

$$\boldsymbol{J} = \sigma_g \times (V_2 - V_1) \tag{1.26}$$

$$f = h_g \times (T_2 - T_1) \tag{1.27}$$

式中：σ_g 和 h_g 分别为接触电导系数和接触热导系数；V 和 T 分别为电压和温度。

在烧结过程中，由于轴向施加有烧结压力，所以水平接触界面的结合强度会高于垂直接触界面的结合强度。因此，垂直界面的接触电阻和接触热阻会更大。在本模拟中，采用了以下数据[48]：水平接触界面 $\sigma_{g)H} = 5 \times 10^7 \Omega^{-1} \cdot m^{-2}$、$h_{g)H} = 15 \times 10^3 W \cdot m^{-2} \cdot K^{-1}$；垂直接触界面 $\sigma_{g)V} = \sigma_{g)H}/6$ 和 $h_{g)V} = h_{g)H}/6$。

2. 初始条件和边界条件

模拟过程中采用的初始条件和边界条件如下：①初始温度为300K；②由于试样的烧结是在真空烧结腔内进行的，所以石墨模具上由于对流引起的热量损失忽略不计；③由于石墨模具外包覆的石墨毡可以有效地降低热辐射，所以忽略由于热辐射引起的热量损失；④保护垫片上下两端的初始温度设定为300K；⑤对保护垫片上下两端的节点电压进行耦合，在保护垫片上表面施加直流电压；⑥在保护垫片的上表面施加62.8kN的恒定压力。

3. 物性参数

数值模拟计算过程中使用的材料物性参数如下。

石墨的物性参数：

$\rho(kg \cdot m^3) = 1800$

$E(Pa) = 103 \times 10^9$

$\nu = 0.32$

$\alpha_T(K^{-1}) = 8 \times 10^{-6}$

$\rho_e(\Omega \cdot m) = 2.1 \times 10^{-5} - 3.0 \times 10^{-8}T + 2.0 \times 10^{-11}T^2 - 6.4 \times 10^{-15}T^3 + 7.8 \times 10^{-19}T^4$

$\lambda(W \cdot m^{-1} \cdot K^{-1}) = 90 - 9.5411 \times 10^{-2}T + 8.1687 \times 10^{-5}T^2 - 3.2096 \times 10^{-8}T^3 + 4.7799 \times 10^{-12}T^4$

$C_p(\mathrm{J \cdot kg^{-1} \cdot K^{-1}}) = -398.1737 + 4.5879T - 3.5288 \times 10^{-3}T^2 + 1.2869 \times 10^{-6}T^3 - 1.8215 \times 10^{-10}T^4$

金属 Ti 的物性参数：

$E(\mathrm{Pa}) = 115 \times 10^9$

$\nu = 0.33$

$\alpha_T(\mathrm{K^{-1}}) = 8.8 \times 10^{-6}$

$\rho(\mathrm{kg \cdot m^3}) = 4.5 \times 10^3 - 1.2 \times 10^{-1}T - 1.1 \times 10^{-5}T^2$

$\rho_e(\Omega \cdot \mathrm{m}) = -1.1 \times 10^{-7} + 2.1 \times 10^{-9}T - 4.7 \times 10^{-13}T^2$

$\lambda(\mathrm{W \cdot m^{-1} \cdot K^{-1}}) = 38 - 9.6 \times 10^{-2}T + 1.7 \times 10^{-4}T^2 - 1.3 \times 10^{-7}T^{-3} + 4.0 \times 10^{-11}T^4$

$C_p(\mathrm{J \cdot kg^{-1} \cdot K^{-1}}) = 331 - 6.7 \times 10^{-1}T + 2.6 \times 10^{-4}T^2 - 2.6 \times 10^{-8}T^3$

TiB 的物性参数：

$\rho(\mathrm{kg \cdot m^3}) = 4510$

$E(\mathrm{Pa}) = 443 \times 10^9$

$\nu = 0.14$

$\alpha_T(\mathrm{K^{-1}}) = 8.6 \times 10^{-6}$

$\rho_e(\Omega \cdot \mathrm{m}) = 4.7776 \times 10^{-7} - 6.16 \times 10^{-10}T + 1.4637 \times 10^{-13}T^2 + 1.6609 \times 10^{-16}T^3 - 7.2017 \times 10^{-20}T^4$

$\lambda(\mathrm{W \cdot m^{-1} \cdot K^{-1}}) = 2.3233 + 9.645 \times 10^{-2}T - 9.2386 \times 10^{-5}T^2 + 5.8361 \times 10^{-8}T^3 - 1.5895 \times 10^{-11}T^4$

$C_p(\mathrm{J \cdot kg^{-1} \cdot K^{-1}}) = -171.9604 + 4.0091T - 5.35 \times 10^{-3}T^2 + 3.3580 \times 10^{-6}T^3 - 7.7161 \times 10^{-10}T^4$

4. 数值模拟结果

放电等离子烧结过程中的热源主要来自于电流产生的焦耳热,因此石墨模具中的温度分布和电流分布密切相关。由于电流总量一定,因此模具中的电流密度和模具的横截面积成反比关系。如图 1.25 所示,石墨模具顶部的电流密度明显大于石墨模具底部的电流密度。因此,在石墨模具的上部产生了更多的焦耳热,从而在石墨模具内部形成了轴向的温度梯度。

整个烧结过程可分为 3 个阶段,分别为加热阶段(0~360s)、保温阶段(360~660s)和冷却阶段(660~960s)。升温速度为 140K/min。在 $t = 360\mathrm{s}$ 时,试样内部的温度分布如图 1.26 所示。显然,由于模具的横截面面积沿轴向发生变化,导致 SPS 过程中施加在模具上的电流密度不同,所产生的焦耳热也不相同,最终使得复合材料样品在轴向上产生了温度梯度。其中,在试样的上表层中心(A 点)温度最

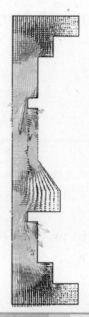

13654　　.188E+07　.374E+07　.560E+07　.746E+07
　　944968　　.281E+07　.467E+07　.653E+07　.840E+07

图 1.25　SPS 过程中模具及垫片上的电流密度分布

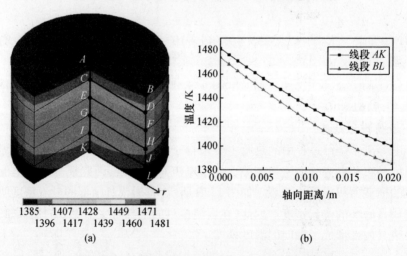

1385　1407　1428　1449　1471
　1396　1417　1439　1460　1481

(a)　　　　　　　　　　　　　　　(b)

图 1.26　Ti/TiB 梯度复合材料 SPS 过程中的温度场
（a）试样内部温度场；（b）试样中 AK、BL 线上各点的温度分布。

高,达到了 1481K;而试样下表层的边缘位置处温度最低为 1385K。试样内部的最大温差达到了 88K。

图 1. 27 显示了不同烧结阶段试样不同位置处的温度。从中可以看出,在烧结初期,试样上各点的温度随烧结时间的增加而快速升高,此时试样上表层与下表层的温度相差不大(AB、KL 线);但随着烧结过程的进行,试样上表层与下表层的温度梯度逐渐变大,当烧结温度不再发生变化时(开始保温),试样上 B、L 两点的温差达到最大值 90K。在保温阶段,烧结电流维持不变,试样内部的温度场趋于稳定。保温结束后,烧结电流降低到 0,试样上下表层之间的温差逐渐缩小直至到 0。在整个烧结过程中,温度在试样同一横截面上变化不大,径向最大温差为 14K。

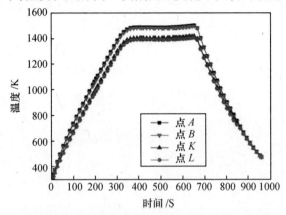

图 1. 27　不同烧结阶段试样 A、B、K、L 位置处的温度

图 1. 28 给出了试样上最大温差随升温速率的变化曲线。可以看出,试样上最大温差随升温速率的增加而增大,二者之间几乎呈线性变化的关系。当升温速率为 100K/min 时,试样最大温差为 54K;当升温速率为 260K/min 时,试样最大温差达到了 120K。分析认为,烧结样品上的温度梯度主要与热传导时间和扩散速度相关。热传导时间越长,热扩散速度越大,烧结过程中试样上产生的温度梯度也就越大。由此可以得出以下结论:如果升温速率足够低,则焦耳热将会充分传导至整个模具,试样内将不会产生温度梯度。同样,如果模具材料的导热系数足够大,电流产生的焦耳热也将迅速传导至整个模具,试样内也不会产生温度梯度。

图 1. 29 为采用不同结构模具制备的 Ti/TiB 梯度复合材料的微观组织。Ti/TiB 梯度复合材料由 3 层 Ti – TiB 复合材料构成,从上到下各层中 Ti 含量依次为 45% 、65% 、及 85% 。各层厚度均为 5mm,样品直径和高度分别为 30mm、15mm。采用的梯度模具结构如图 1. 23 所示。图 1. 29(a)显示,采用梯度结构模具制备的 Ti/TiB 复合材料各层之间形成了紧密的冶金结合,各层微观组织均匀致密,几乎没有微孔洞出现;而采用普通模具制备的 Ti/TiB 复合材料的第 2 层和第 3 层之间存在明显的裂缝,而且第 3 层复合材料微观组织上出现少量的微孔洞。相对密度

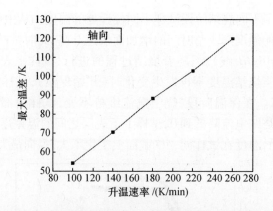

图1.28 试样最大温差随升温速率的变化规律曲线

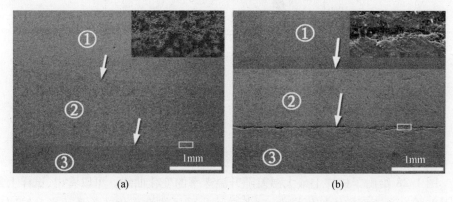

图1.29 采用不同结构模具制备的 Ti/TiB 梯度复合材料试样微观组织
(a)采用梯度模具制备的试样微观组织(A 试样);
(b)采用普通模具制备的试样微观组织(B 试样)。

及力学性能测试结果均显示梯度复合材料 A 优于梯度复合材料 B。

图1.30 是采用不同结构模具制备的 Ti/TiB 梯度复合材料内部各层的微观组织。对于两个试样而言,第 2 层的烧结温度都约为 1400K。从第 1 层到第 3 层,由于 TiB 的含量逐渐增加,所以烧结温度也应逐渐增加。然而,普通模具在烧结过程中并不能提供这样的温度梯度。图1.30(d)~(f)可以看出,B 试样上第 3 层微观组织中存在较大的孔隙,可以推断它的实际烧结温度低于理论烧结温度;而 B 试样上第 1 层微观组织显示 TiB 颗粒尺寸较大,表明该层存在明显的过烧现象,因此这层的实际烧结温度应高于理论烧结温度。而 A 试样中没有发现明显的组织缺陷(图1.30(a)~(c))。表明 A 试样中的各层都是在适宜的烧结温度下进行烧结的,这也进一步揭示了采用梯度模具在烧结过程中试样内部确实存在轴向的温度梯度。

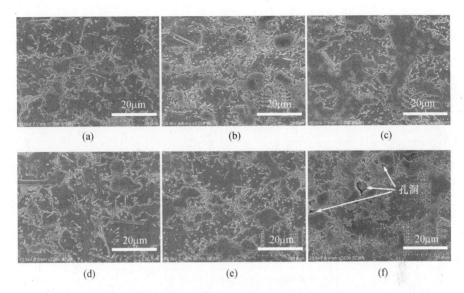

(a)　　　　　　　　　　(b)　　　　　　　　　　(c)

(d)　　　　　　　　　　(e)　　　　　　　　　　(f)

图 1.30　采用不同结构模具制备的 Ti/TiB 梯度复合材料试样各层微观组织

(a)~(c) 采用梯度模具制备的试样各层微观组织(A 试样);

(d)~(f) 采用普通模具制备的试样各层微观组织(B 试样)。

1.8　放电等离子烧结技术应用

SPS 技术广泛应用于各种新材料的制备,如梯度材料、纳米材料、多孔材料、金属间化合物等;同时也可以用于多层金属粉末的同步焊接、硬质合金的烧结、固体—粉末—固体的焊接以及金属粉末的焊接等方面,如表 1.1 所示。

表 1.1　SPS 制备的材料

材料	烧结参数 烧结温度×保温时间;压力	材料性能 密度/相对密度;晶粒尺寸
Bi_2O_3/Cu	660℃×5min;30MPa	
Ti_3AlC_2	1500℃×5min;20MPa	100%
$BaTiO_3$	1200℃×5min;39MPa	>95%;1μm
C 纳米管	1700℃	72%
$CoSb_3$	873K×5min;30MPa	97.4%;100nm
Nd－Fe－B	780℃×5min;40MPa	7.59g/cm³
SiC	1700℃×10min;40MPa	98%;50nm
WC－6Co－1.5Al	3000A×6min;30MPa	14.2g/cm³;500nm

材料	烧结参数 烧结温度×保温时间;压力	材料性能 密度/相对密度;晶粒尺寸
$TiB_2 - WB_2 - CrB_2$	1900℃×10min;64MPa	94%
WC - 6.29Co	1100℃×10min;50MPa	99.1%;350nm
MgB_2	1023K	5μm
AlN	1650℃;45MPa	95%
TiB_2	1600℃×3min;30MPa	99%
WC - 10%Co - 0.8%VC	1300℃×3min	97.7%
3Y - TZP	1300℃×3min	98.2%;100~130nm
MgAlON	1700℃×1min	
Ti_3SiC_2	1250℃	5μm
$Ca_2Co_2O_5$	800℃×5min;30MPa	1.4μm
$Ca_3Co_4O_9$	800℃×5min;30MPa	4.78g/cm^3
Ti/AlO_3	1250℃×10min;30MPa	
$Al_{90}Mn_9Ce_1$	500℃;50MPa	98%
$AlO_3 - TiC$	1650℃×5min	99.8%
$Ca_3Co_2O_6$	900℃×5min	
$Fe_3B/(Pr,Tb)_2Fe_{14}B$	(873~973)K×2min;400MPa	20nm

1.8.1　纳米金属

纳米金属及其合金以其独特的性能特点,已引起材料学界的广泛关注。在过去的几十年里,尽管纳米金属的研究已经取得了显著进展,但纳米晶块体金属的有效、实用的制备方法目前还在研究探索之中。尤其是大尺寸块体纳米金属材料的制备,仍是制约纳米金属材料走向工程化应用的关键技术瓶颈。由于SPS烧结技术使烧结时间大大缩短,并大幅降低了烧结温度,有效阻止了晶粒的长大粗化,因此SPS技术使得纳米材料的制备成为可能。而SPS技术与机械合金化法配合使用,更能使机械合金化法细化晶粒、促进亚结构和缺陷形成的特点在产品烧结过程中得以充分发挥。同时,SPS技术不受试验场地、试样尺寸的限制,不产生环境污染,生产效率较高。因此,SPS技术在进行大尺寸纳米金属及合金的制备领域有广泛的发展前景。

图1.31是采用SPS技术在不同烧结温度下制备得到的纳米铜的微观组织照片。SPS工艺参数如下:初始压力1MPa,烧结压力600MPa,升温速率100℃/min,

保温时间 5min,烧结温度分别为 200、300、400、500℃。初始纳米铜粉采用水合肼还原法制备,平均中位粒径为 50nm。可以看出,随着烧结温度的升高,纳米铜的晶粒尺寸明显长大。测试结果显示,在 200、300、400、500℃ 的烧结条件下,纳米铜的晶粒尺寸分别为 90、120、180、260nm,相对密度分别为 90.5%、98.5%、99.4%、99.9%,对应的纳米铜的屈服强度分别为 420、650、586、522MPa。研究结果表明:采用 SPS 技术,在烧结温度为 300℃、烧结压力为 600MPa,升温速率 100℃/min,保温时间 5min 时,制备得到的纳米铜的屈服强度最高,达到了 650MPa,是软态粗晶纯铜屈服强度的 10 倍,是加工态粗晶纯铜屈服强度的 2~3 倍。

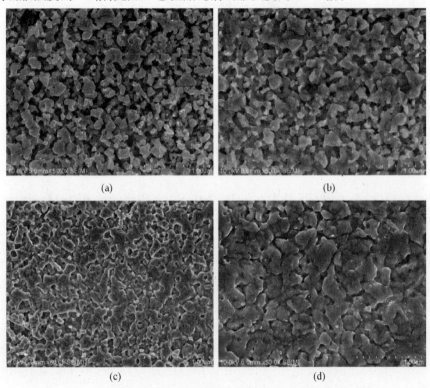

图 1.31　不同 SPS 温度下纳米铜的微观组织
(a) 200℃；(b) 300℃；(c) 400℃；(d) 500℃。

图 1.32(a)是采用 SPS 技术在 500℃ 条件下制备得到的纳米银的微观组织,图 1.32(b)为不同温度条件下制备得到的纳米银的工程应力应变曲线[49]。SPS 其余工艺参数如下:初始压力 1MPa,烧结压力 300MPa,升温速率 100℃/min,保温时间 5min。初始纳米银粉的平均粒径为 39nm。试验结果显示,在 400、450、500、550℃ 的烧结条件下,纳米银的晶粒尺寸分别为 39.5、41.2、41.8、122.6nm,相对密度分

别为 92.5%、94.4%、97.2%、98.2%,对应的纳米银的屈服强度分别为 317、352、379、174MPa。研究结果表明,当烧结温度升高到 550℃时,纳米银的晶粒尺寸急剧长大,导致其屈服强度迅速降低。在烧结温度为 500℃时,纳米银具有均匀的纳米晶组织和最高的屈服强度。

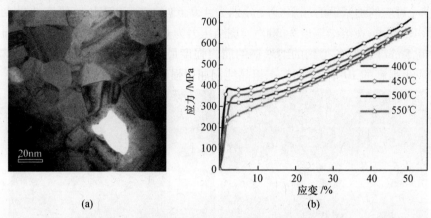

(a)   (b)

图 1.32 SPS 制备纳米银的微观组织与力学性能

(a) 烧结温度为 500℃纳米银的微观组织;(b) 不同烧结温度下纳米银的压应力应变曲线。

图 1.33(a)是采用 SPS 技术在 773K 条件下制备得到的纳米铝的微观组织,图 1.33(b)为不同温度条件下制备得到的纳米铝的应力应变曲线[50, 51]。SPS 其余工艺参数如下:初始压力 1MPa,烧结压力 300MPa,升温速率 40℃/min,保温时间 6min。初始铝粉的平均粒径为 60nm,为防止操作过程中发生氧化,纳米铝粉表面预先包覆一层厚度约为 0.5nm 的聚苯乙烯。试验结果显示,在 673、723、773、823K 的烧结条件下,纳米铝的晶粒尺寸分别为 67.8、71.3、74.6、98.5nm。纳米铝的显微硬度和屈服强度均随烧结温度的升高出现先增大后减小的变化规律。当烧结温度升高到 823K 时,纳米铝在烧结过程中出现了局部熔化和晶粒异常长大现象,导致其显微硬度和屈服强度迅速降低。在烧结温度为 773K 时,纳米铝具有均匀的纳米晶组织,其显微硬度和屈服强度达到了 3.06GPa 和 665MPa。

Enrique 等[52]首先对 Co、Ni、Fe、Al、Cu 的混合粉进行 45h 的球磨(转速为 300rpm)处理,然后在烧结压力为 30MPa、升温速率为 90K/min、烧结温度为 1273K 的条件下进行 SPS 快速烧结,制备得到了单相纳米晶 $Co_{25}Ni_{25}Fe_{25}Al_{7.5}Cu_{17.5}$ 高熵合金。该高熵合金具有 FCC 结构,平均晶粒尺寸为 95nm,压缩屈服强度达到了 1795MPa。和同成分的铸造态高熵合金相比,其屈服强度提高了 8 倍多。Sarma 等[53]结合机械合金化方法和 SPS 技术,制备了纳米 Al-Mg-Si(AA6061)合金。SPS 工艺参数如下:烧结温度 773K,烧结压力 65MPa,升温速率 600K/min,保温时

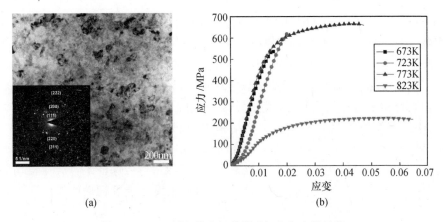

图 1. 33　SPS 制备纳米铝的微观组织与力学性能

（a）烧结温度为 773K 纳米铝的微观组织；（b）不同烧结温度下纳米铝的压应力应变曲线。

间 10min。合金的平均晶粒尺寸为 85nm，压缩强度和断裂应变分别为 800MPa 和 15%。Fan 等[54]采用 SPS 技术在烧结压力为 30MPa、升温速率为 50K/min、烧结温度为 900K、保温时间为 15min 的条件下制备了直径为 30mm 的 Fe－Si－B－Cu－Nb 合金，合金的平均晶粒尺寸为 34nm，具有优异的软磁性能。

　　虽然在 SPS 烧结时，由于颗粒之间放电效应的存在，会使晶粒的活化能减小，从而会促进晶粒长大，因此从这方面来说，用 SPS 烧结制备纳米材料有一定的困难。但是，SPS 过程中较低的烧结温度和极短的烧结时间会有效降低晶粒长大的驱动力，从而 SPS 技术可以在晶粒急剧长大之前迅速完成整个材料的致密化过程。目前，采用 SPS 技术制备纳米材料的研究报道很多，但多数研究并未涉及纳米材料 SPS 制备过程中晶粒长大的热力学和动力学机制，因此 SPS 制备纳米材料的机理还需要作进一步的深入研究。

1.8.2　功能梯度材料

　　功能梯度材料（functionally graded material，FGM）是以计算机辅助设计为基础，采用先进的材料制备技术，使材料的组成、结构沿厚度方向呈梯度变化。从而使材料的性能也呈梯度变化的一种新型材料。功能梯度材料是 1987 年由日本学者平井敏雄等为解决高速航空航天器中材料的热应力缓和问题最早提出的。由于功能梯度材料的成分是梯度变化的，因此在烧结过程中，各层材料所需要的实际烧结致密化温度不同。传统的烧结方法在烧结过程中不会在试样内部产生温度梯度。而利用 CVD、PVD 等方法制备功能梯度材料，成本很高，也很难实现工业化。采用 SPS 技术，利用通过阶梯状石墨模具上、下两端的电流密度不同的特点，可以在烧结过程中在模具上产生温度梯度。这就使得采用 SPS 技术制备功能梯度材料成为可能。目前采用 SPS 技术成功制备的梯度材料有不锈钢/ZiO$_2$、Ni/ZiO$_2$、Al/高聚物、Al/植物纤维、PSZ/Ti 等梯度材料等。

Jajarmi 等[55] 采用 SPS 技术,利用如图 1.34 所示的阶梯状模具,在 1080 ~ 1180℃ 的温度梯度下,制备了 3Y – PSZ（3mol% Y$_2$O$_3$ – ZrO$_2$）/316L 功能梯度复合材料。该梯度复合材料共 6 层,成分由单一的 3Y – PSZ 材料逐渐过渡到含 50% 体积比 316L 不锈钢的复合材料。试验结果表明,采用梯度结构模具制备的 3Y – PSZ/316L 功能梯度复合材料,由于在烧结过程中样品内部存在温度梯度,使得外加温度场和各层材料实际所需要的致密化温度基本一致,保证了各层材料均取得了良好的烧结致密化效果,最终使得复合材料的硬度和断裂韧性均得到了大幅度的提高。

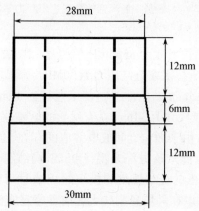

图 1.34　SPS 制备梯度复合材料使用的模具结构

徐金富等[56] 同样采用 SPS 技术,利用阶梯状模具,制备了 MoSi$_2$/316L 功能梯度复合材料,着重研究了 MoSi$_2$/316L 连接梯度过渡层的组织、形貌、显微硬度及界面结合情况。结果表明,MoSi$_2$/316L 不锈钢梯度过渡层组织呈梯度分布,表现为宏观组织的不均匀性和微观组织的连续性,各梯度层的显微硬度基本呈梯度变化;梯度过渡层界面之间结合良好,没有明显的宏观界面,在各梯度层内部及界面都没有裂纹及孔洞,界面结合紧密,而且 MoSi$_2$ 与梯度过渡层材料之间热膨胀系数的有效匹配,可防止低韧性 MoSi$_2$ 由连接温度冷却时产生的残余应力而引起的开裂。

由于大型 SPS 系统的烧结电流可以达到 40000A,具有 500mm 直径的工作台,因此采用 SPS 技术可以制备大尺寸的功能梯度材料。Tokita[57] 最先采用 SPS 技术制备了 ZrO$_2$（3Y）/steel 的块体金属陶瓷功能材料,烧结体直径达到了 100mm,厚度为 17mm,试验结果表明烧结体完全致密,综合性能良好,工艺重复性好,而且总烧结时间不超过 1h。

纯 WC 粉用普通无压烧结方法无法制备,采用热压烧结时必须添加烧结助剂才能取得比较理想的致密化效果,而采用 SPS 则可直接烧结致密。Omori[58] 通过 SPS 技术制备了纯 WC 块体材料,其硬度和断裂韧度分别为 24GPa 和 6MPa·m$^{1/2}$。并在此基础上成功制备了 WC/Mo 梯度材料,由于成分过渡均匀,使得材料内部的残余应力得到充分释放,因此在性能上优于传统的 WC－Co 硬质合金,是一种硬度和断裂韧度都较好的硬质合金材料。Omori M 还利用 SPS 技术成功制备了 ZrO$_2$ (3Y)/Ni 梯度复合材料,烧结温度在 1000 ~ 1200℃,烧结后的材料微观组织均匀,层与层之间形成了良好的冶金结合界面,各层材料上均没有明显的孔隙和裂纹,该梯度复合材料具有良好的热力学性能。张利平等[59] 采用叠层加压 SPS 烧结法制备了致密的 YG10/YG20 梯度结构硬质合金。通过调整 WC 的粒度和添加微量元素 B 来调整烧结温度,使含钴量低的粉末与含钴量高的粉末的烧结温度相近。研究了 SPS 温度对材料致密度、组织形貌、显微硬度和断裂韧性的影响规律,分析了沿梯度截面上 C、Co、W 等成分,显微硬度的变化及 YG10/YG20 界面的结合情况。研究结果表明:原始 WC 粒度为 1μm 的 YG10 + 0.05% B 混合粉末和 9μm 的 YG20 混合粉末都能在 1100 ~ 1160℃烧结致密,相对密度达到 99% 以上,晶粒尺寸均匀,梯度界面结合良好,没有开裂现象。低钴端的硬度达到了 15.5 ~ 16.0GPa,高钴端的硬度为 11.1GPa;在 294N 载荷的作用下低钴端的断裂韧性为 12.62MPam$^{1/2}$,而高钴端在这一载荷的作用下没有出现裂纹,断裂韧性较高,从而实现了硬质合金一端具有高硬度,另一端具有良好韧性的有机结合。

表面涂覆一层耐磨和耐腐蚀硬质合金的钢铁材料正得到越来越广泛的应用,但是由于难以实现牢固的基体材料与涂层的结合以及很难得到足够厚度的涂层,因此这种复合材料难以得到预期的性能。Lkegaya[60] 将 SPS 技术应用到该材料的制备上,得到一种在钢基体上涂覆含钴的硬质合金,实现了 WC－Co/Co/钢之间牢固的结合,并得到了足够的涂覆层厚度,获得了良好的性能。

刘卫强等[61] 采用 SPS 技术制备了 Tb－Fe－Co/Ti 复合梯度磁光靶材。显微组织分析结果显示:这种 Tb－Fe－Co/Ti 复合梯度靶材具有宏观组织不均匀性和微观组织连续性的特征。在材料厚度方向截面上,各层界面清晰;界面处,Tb－Fe－Co 和 Ti 相连续分布,不存在微裂纹,且各层之间的原子扩散过程不显著,只发生在层间界面附近的很小范围内;Tb－Fe－Co 磁光层显微组织致密、均匀,呈现出明显的单相特征。Tb－Fe－Co 层通过与 Ti 层的良好结合可显著提高靶材的强度和韧性,改善 Tb－Fe－Co 靶材的力学性能。

1.8.3 非晶合金

非晶合金是一种亚稳态的材料,其组织均匀,不存在位错、相界和第二相,是无晶体缺陷的固体材料。由于其独特的微观结构，与普通晶态合金相比，非晶合金具有高强度、高硬度、高弹性模量、高耐磨和耐腐蚀等优异的性能。另外，非晶合金不存在晶粒，无磁各向异性和钉扎磁畴壁的缺陷，因此具有比广泛应用的硅钢和Fe－Ni合金更高的磁感、磁导率。作为一种集优异的物理、化学与力学性能于一体的新型功能材料与工程材料，非晶合金尤其是大块非晶已成为材料学家和物理学家们研究的热点，在航空航天、军工、汽车、电子、仪表仪器、体育器材、医疗器材等领域具有广泛的应用前景。

在非晶合金的制备中，要选择合金成分以保证合金具有极低的非晶形成临界冷却速度，从而获得极高的非晶形成能力。在制备工艺方面主要有金属模浇铸法和水淬法，其关键是快速冷却和控制非均匀形核。由于制备非晶合金粉末的技术相对成熟，因此多年来，采用非晶粉末在低于其晶化温度下进行温挤压、温轧、冲击（爆炸）固化和等静压烧结等方法来制备大块非晶合金，但存在不少技术难题，如非晶粉末的硬度总高于晶态粉末，因而压制性能欠佳，其综合性能与旋淬法制备的非晶薄带接近，难以作为高强度结构材料使用等。

SPS技术所具有的极高的升降温速率特点使其在制备大块非晶合金方面表现出很大的优势。Tan[62]等通过SPS技术制备了一种具有高强度的高熵合金颗粒增强铝基非晶复合材料，具体制备流程如下：首先将Al、Cu及Ti粉按照一定的比例进行混合，球磨30h后得到$Al_{65}Cu_{16.5}Ti_{18.5}$非晶合金粉，再通过雾化法制备$Al_{0.6}CoCrFeNi$高熵合金粉末，然后按照体积比各50%的比例将这两种粉末均匀混合，最后在823K和400MPa的条件下进行SPS致密化处理，制备得到$Al_{0.6}CoCrFeNi$高熵合金颗粒增强铝基非晶复合材料。图1.35显示了该复合材料的制备过程及组织性能测试结果。从中可以发现，该复合材料由$Al_{0.6}CoCrFeNi$高熵合金相和非晶相组成，其中高熵合金相呈球形均匀分布在铝基非晶相之中，对非晶相起到了强化作用，而非晶相对高熵合金相起到了连接和减重作用。力学性能测试结果表明，$Al_{0.6}CoCrFeNi$高熵合金颗粒增强铝基非晶复合材料的抗压强度达到了3120MPa。

Graeve[63]研究了非晶合金在SPS过程中的晶化行为，以具有高抗腐蚀性的SAM7（$Fe_{48}Mo_{14}Cr_{15}Y_2C_{15}B_6$）和SAM2X5（$Fe_{49.7}Cr_{17.7}Mn_{1.9}Mo_{7.4}W_{1.6}B_{15.2}C_{3.8}Si_{2.4}$）非晶合金为研究对象，基于理论计算和实验研究结果，建立了铁基非晶合金在SPS过程中的时间—温度—结晶度曲线，如图1.36所示。Graeve O. A. 等人的研究工作为非晶合金的SPS制备技术提供了理论支持。

Tapas[64]对采用SPS技术制备的$Al_{86}Ni_8Y_6$非晶合金进行了定量化的相分析研究，发现在350℃进行烧结时，试样中非晶相的体积比超过了80%；而采用更高的烧结温度（450℃和500℃）时，试样中出现了大量的纳米晶FCC－Al相以及不同种

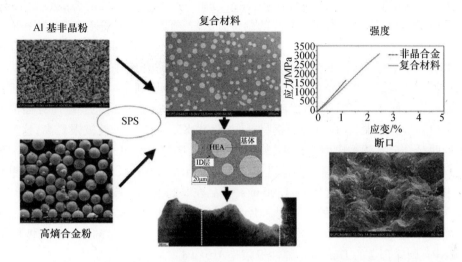

图 1.35　$Al_{0.6}CoCrFeNi$ 高熵合金增强铝基非晶复合材料制备过程及组织性能测试结果

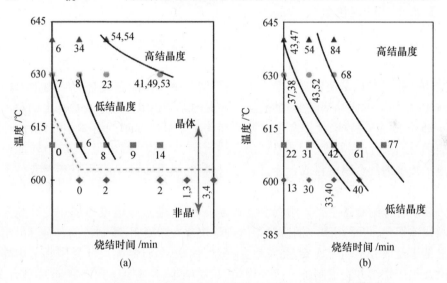

图 1.36　铁基非晶合金 SPS 制备过程中的时间—温度—结晶度曲线

类的金属间化合物纳米颗粒(Al_3Ni,Al_3Ni_2AlY,Al_2Y,$Al_2Ni_6Y_3$)。图 1.37 显示了 500℃ 烧结试样中出现的纳米金属间化合物相的 HRTEM 图像、傅里叶变化图像以及选区电子衍射花样。Tapas 认为 SPS 特殊的烧结机制(高密度电流及放电效应使得大量热量聚集在颗粒之间影响了烧结过程中物质的传输与扩散)导致了非晶基体中纳米第二相粒子的出现。

　　美国加利福尼亚大学、南加州大学和加州理工学院的工程技术研究团队使用

SPS 技术开发出了一种可承受极高的冲击力而不产生永久形变的非晶合金,命名为 SAM2X5 - 630。SAM2X5 - 630 的制备方法是:将混合后的粉末在 100MPa 的压力下成形,在电流强度 10kA 下于 630℃进行 SPS 烧结。SAM2X5 - 630 可以在承受 12.5GPa 的压力后,不产生永久的变形。这个发现很有意义,意味着可以对非晶材料的性能进行调整,消除脆性等缺点,正是这些问题阻碍了非晶材料的大规模商业应用。研究人员认为,他们对 SAM2X5 - 630 开展的非晶合金碰撞方面的研究工作属世界首次,在所有合金钢材料中,SAM2X5 - 630 的弹性极限最高,这种新型的非晶合金有望被应用于钻头、装甲防护和卫星的防流星外罩等很多领域。研究人员在南加州大学对这种合金进行了测试,测试的方法是:用一个气枪发射铜片撞击样品,铜片的射速为 500 ~ 1300m/s,样品在受到铜片的撞击时产生了变形,不过这个变形并不是永久的。测得一片 1.5 ~ 1.8mm 厚 SAM2X5 - 630 的 Hugoniot弹性极限是(11.76 ± 1.26)GPa,作为比较的不锈钢的 Hugoniot 弹性极限是0.2GPa,硬质合金的 Hugoniot 弹性极限是 4.5GPa。

1.8.4 高熵合金

2004 年中国台湾的 Yeh 等[65]首先提出了高熵合金(high - entropy alloys,HEA)的概念,该合金是以 5 种或 5 种以上的金属作为主要元素,每种元素的摩尔分数为 5% ~ 35%,具有简单的固溶体相结构。由于高熵合金具有热力学上的高熵效应、结构上的大晶格畸变效应、动力学上的迟滞扩散效应以及性能上的鸡尾酒(Cocktail)效应等特征,使得合金在微观结构上呈现出简单固溶体相结构,而性能上表现为高强度、高硬度、耐高温、抗氧化、耐磨、耐腐蚀、高电阻,其综合性能明显超过了传统的纯金属材料或合金,拓宽了材料的应用领域,尤其是在极端条件下的应用,从而受到广泛关注。

高熵合金的制备主要采用真空电弧熔炼工艺,通过放电电弧加热使高纯金属原料快速熔化,再采用水冷铜模对熔体进行快速冷却凝固,所制备的合金容易出现枝晶偏析及成分不均匀现象,晶粒粗大,塑性偏低,而且制品尺寸受限。采用高能球磨及热压烧结方法可制备出成分均匀、晶粒细小、具有较大尺寸的近成型合金。SPS 技术具有快速升降温、烧结温度低等特点,在高熵合金的制备研究中也得到了应用。

周鹏飞等[66]采用 SPS 技术制备了 AlCoCrFeNi 高熵合金,重点研究了烧结温度对 AlCoCrFeNi 高熵合金的致密化行为、组织演变及力学性能的影响。图 1.38为不同 SPS 烧结温度下 AlCoCrFeNi 高熵合金的点子背散射扫描电镜照片。在900℃烧结时,合金中存在明显的气孔,而且粉末的球形边界清晰可见,表明在该温度烧结时粉体之间并未烧结成型。当烧结温度升高到 1000℃时,球形粉体之间产

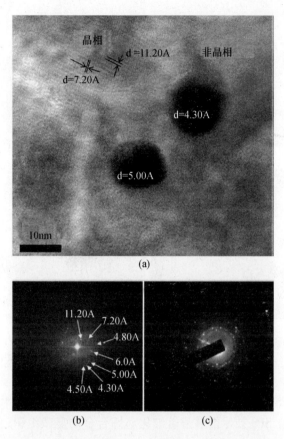

图 1.37　500℃烧结试样中出现的纳米金属间化合物相

（a）HRTEM 图像；（b）傅里叶变化图像；（c）选区电子衍射花样。

生黏结,合金中气孔数量明显减少；当烧结温度提高到 1100℃ 时,合金中几乎观察不到气孔的存在,粉体之间产生完全黏结；当烧结温度达到 1200℃ 时,粉体已完全烧结成为一体,无球形界面出现。研究结果表明,随着 SPS 烧结温度的升高,合金的相对密度与抗压缩强度明显提高。1200℃ 烧结后,AlCoCrFeNi 高熵合金的相对密度达到了 99.6%,抗压缩强度达到了 2195MPa,屈服强度达到了 1506MPa。在 SPS 烧结过程中,高熵合金从双相结构（BCC + B2）转变为三相结构（BCC + B2 + FCC）。

　　Liu 等[67] 采用机械合金化方法和雾化法制备 CrMnFeCoNi 高熵合金粉末,然后采用 SPS 技术分别对其进行烧结致密化处理,制备得到了纳米 CrMnFeCoNi 高熵合金。图 1.39 为不同方法制备的合金粉末经 SPS 处理后形成高熵合金的光镜组

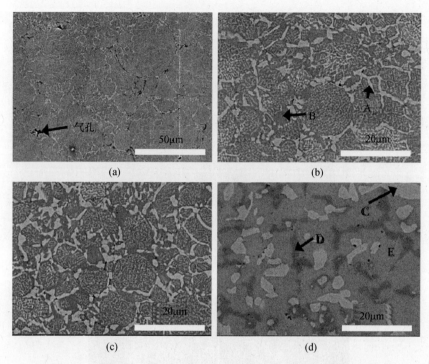

图 1.38　不同烧结温度下 AlCoCrFeNi 高熵合金的背散射扫描电镜图
(a)合金 1；(b)合金 2；(c)合金 3；(d)合金 4。

织。研究认为,SPS 处理后,粉体颗粒的初始形态和缺陷能够继承到烧结体中;而机械球磨方法结合 SPS 技术能够显著细化高熵合金的显微组织,合金的抗拉强度最高(球磨 10h)达到了 1055MPa,并能保持一定的韧性。

图 1.39　不同方法制备的合金粉末经 SPS 处理后形成高熵合金的光镜组织
(a) 雾化粉;(b) 机械球磨粉(10h)。

Ganji 等[68]采用 SPS 技术,在 1023K 的烧结温度下制备得到了超细晶的 Al-CoCrCuFeNi 高熵合金。图 1.40 为不同 SPS 保温时间条件下 AlCoCrCuFeNi 高熵合金的微观组织形貌。EDS 分析结果显示,该高熵合金是由 112nm 的 fcc 相和 1.5μm 的 B2 相构成的。由于摩擦应力、Taylor 硬化、Hall-Petch 强化、固溶强化以及孪晶强化等多种强化机制的共同作用,使得高熵合金的维氏显微硬度达到了 6.5GPa。研究认为,由位错交织引起的 Taylor 硬化和由晶界与位错的相互作用而引起的 Hall-Petch 强化对合金流动应力的贡献超过了 85%。

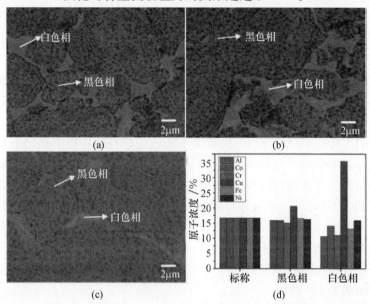

图 1.40　不同 SPS 保温时间条件下 AlCoCrCuFeNi 高熵合金的微观组织形貌
(a) 5min; (b) 10min; (c) 15min; (d) (c)图的 EDS 数据。

张月等[69]结合机械合金化和 SPS 技术,制备了 CoCrFeNiTi$_x$ 高熵合金。研究结果表明,高熵合金的金相组织呈网状分布,形成了简单面心立方和体心立方的晶格结构,同时伴有金属间化合物的析出。当 Ti 含量较高时,析出了少量的 Laves 相。CoCrFeNiTi$_x$ 高熵合金体系的维氏硬度值随着 Ti 元素含量的增加呈现先增加后减小趋势,当 Ti 含量达到 1.0 时合金的维氏硬度值达到最大。CoCrFeNiTi 高熵合金维氏硬度随着烧结温度的升高呈现先增大后减小的变化趋势。

1.8.5　磁性材料

磁性材料是一种古老而用途十分广泛的功能材料,其应用几乎遍及人类生产、生活的各个领域。在通信行业,全球数十亿部手机都需要大量的铁氧体微波器件、铁氧体软磁器件和永磁元件,全球数以千万计的程控交换机也需要大量高技术磁芯等元件。此外,国外无绳电话安装数量已经占固定电话总量的 1/2 以上,这类电话需要大量软磁铁氧体元件。而且,可视电话也在快速普及,它也需要大量磁性元件;在 IT 行业,硬盘驱动器、CD – ROM 驱动器、DVD – ROM 驱动器、显示器、打印机、多媒体音响、笔记本电脑等也需要使用大量钕铁硼、铁氧体软磁、永磁材料等元件;在汽车行业,每台现代汽车需要使用几十个小型永磁电动机和其他磁控机械元件,全球汽车年产量约 5500 万辆,按每辆汽车使用铁氧体永磁电动机 41 只计算,汽车行业每年需要电动机约 22.55 亿只;在照明设备、彩电、电动自行车、吸尘器、电动玩具、电动厨房用具等行业,磁性材料的需求量也很大。例如,在照明行业,LED 灯具的产量很大,需要消耗大量的铁氧体软磁材料。总之,全球每年都有数以百亿计的电子、电气产品需要使用磁性材料,在很多领域,甚至需要技术含量极高的核心磁性器件。目前,全球已经形成庞大的磁性材料产业群。其中,仅永磁材料的年度市场销售额就已经超过 100 亿美元。

庞大的市场空间对快速、高效、低成本的磁性材料制备技术提出了迫切需求。而 SPS 技术在制备磁性材料时具有烧结温度低、保温时间短、生产效率高、产品性能优异的突出优势,有望成为一种新型的磁性材料制备技术。

Mn – Zn 铁氧体是一种应用广泛的高频软磁材料。在材料制备过程中,为减小高频(1MHz 以上)涡流损耗,需要细化晶粒。采用共沉淀 $Mn_{0.55}Zn_{0.40}Fe_{2.25}O_4$ 粉在 1000℃煅烧,然后采用 SPS 技术合成,获得了晶粒细小(约 $1\mu m$)的相对密度达 99% 的块体材料。晶粒细化后,材料的矫顽力 H_c 有所增大,但涡流损耗降到了传统烧结方法的 1/3。

Fe – Si – B 系软磁合金可用快淬方法制成非晶薄带,但却难以制成非晶块体。主要原因是通常的制备技术难以提供足够高的冷却速度。Akinori K 采用 SPS 处理的方法,先将非晶薄带经球磨制成 50 ~ 150μm 的非晶粉末,然后将其装入 WC/Co 合金模具内在 SPS 系统上进行烧结。整个烧结过程分为预烧和烧结两部分,预烧工艺如下:真空度 0.01Pa 以下,升温速度 0.09 ~ 1.7K/s,温度 673 ~ 873K,压力 590MPa;烧结工艺如下:0.01Pa 真空下以 3K/s 的速度加热到 923K,保温 1h。烧成后样品的相对密度达到了 97%,平均晶粒尺寸为 20 ~ 30nm。测试结果显示,材料的矫顽力 H_c 为 12Oe,最大磁导率 μ_m 为 29800, 100Hz 下的动态磁导率 μ_e 为 3430。

Fe – Si 合金是一种重要的软磁材料,一般用作变压器电机的铁芯,能够节约能源,减少铁损。它的硅含量一般在 3wt%。随着硅含量的提高,可以较显著地降低铁损,但也增大了材料的脆性,难以轧制,给生产和使用带来很大的困难。Gheiratmand T[70]通过 SPS 技术对 Fe、Si 非晶粉末进行致密化处理,制备得到了 $Fe_{73.5}Si_{13.5}B_9Cu_1Nb_3$ 纳米晶软磁合金(FINEMET 合金)。他们首先通过机械球磨法制成相应的非晶合金粉,然后将非晶粉置于直径为 13mm 的石墨模具中,在 0.06Torr 的真空条件下从室温升至 350℃,此时施加 40MPa 的压力,随后分别采用

30℃/min 和 10℃/min 的速率升温至 560℃，制备 FINEMET 合金。图 1.41 为不同条件下制备的 FINEMET 合金的光镜和电镜微观组织。研究结果表明，在混粉时间为 36min、烧结温度为 560℃、烧结时间为 7min、烧结压力为 40MPa 的条件下采用 SPS 技术制备得到的 FINEMET 合金相对密度为 97%，并在非晶基体中形成了尺寸仅为 9nm 的 Fe(Si) 相，合金的饱和磁化强度 M_S 达到了 122.29emu/g。

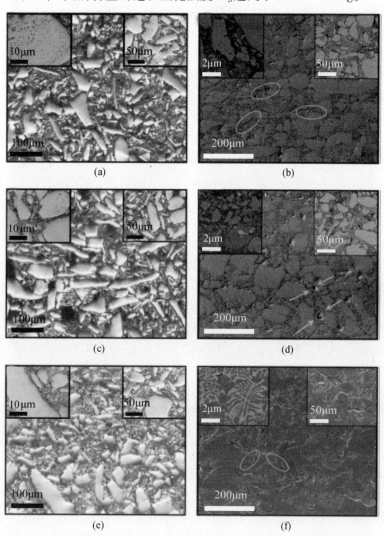

图 1.41　SPS 制备 FINEMET 合金的光镜和扫描电镜微观组织

（a），（b）混粉 36min，烧结 7min；（c），（d）混粉 45min，烧结 7min；（e），（f）混粉 36mi，烧结 21min。

Fan 等[54]也通过 SPS 技术制备了 Fe-Si-B-Cu-Nb 纳米软磁合金，发现当烧结温度达到 800K 时,非晶基体中析出了具有体心立方的 $\alpha-Fe(Si)$ 相,而当烧结温度升至 950K 时,$Fe_{23}B_6$ 相开始形成。合金的晶粒尺寸和密度均随烧结温度的升高而增大,而合金的饱和磁化强度却随烧结温度的升高出现先增大后减小的变化规律。在烧结温度为 900K 时制备的 Fe-Si-B-Cu-Nb 合金平均晶粒尺寸为 34nm,具有和纳米 Fe-Si-B-Cu-Nb 合金带材相似的软磁性能:饱和磁化强度 $M_S=137.5$ emu/g;矫顽力 $H_c=5$ Oe;剩余磁化强度 $M_r=1.0$ emu/g。

李小强等[71]采用 SPS 技术制备了 NdFeB 永磁材料,研究了 SPS 温度对 NdFeB 合金磁性能的影响规律。图 1.42 显示了 SPS 热变形处理后 $Nd_2Fe_{14}B$ 合金的微观组织。研究得到了以下结论:①采用 SPS 烧结技术在不同温度下烧结 NdFeB 粉末,在 50MPa 压力下经 800℃ 烧结 20min,可以获得接近全致密的烧结体,其合金的剩磁 B_r、内禀矫顽力 H_{cj} 和最大磁能积 $(BH)_{max}$ 最佳,分别为 0.78 T、577 kA/m、78 kJ/m^3。利用 SPS 工艺进一步对 800℃ 烧结的磁体进行热变形处理(变形温度为 800℃ 和压缩变形量为 50%),合金的磁性能得到了明显改善,B_r、H_{cj} 和 $(BH)_{max}$ 分别提高到 1.16 T、449 kA/m 和 178 kJ/m^3。②随着烧结温度的升高,合金的剩磁、内禀矫顽力及最大磁能积都呈现先升后降的趋势。烧结温度低时,合金的致密度和磁性能均较低;800℃ 烧结时合金不仅具有高致密度和细小组织,而且 $Nd_2Fe_{14}B$ 相沿压力方向存在一定程度的取向,相应的磁性能最佳;当烧结温度升至 900℃ 时,虽然实现了全致密,但合金的晶粒显著长大,导致其磁性能迅速下降。烧结合金中,富钕相主要沿初始磁粉颗粒的边界分布。③SPS 热变形诱发 NdFeB 合金的晶粒基本沿着压力方向进行取向。但异常长大的晶粒会影响其相邻晶粒的取向生长方向,并会导致合金的磁性能下降。

张虎等[72]利用机械合金化和放电等离子烧结技术制备了具有典型六方 Fe_2P 型晶体结构的 $Mn_{2-x}Fe_xP_{1-y}Ge_y$($x=0.8$、0.9,$y=0.2$、0.24、0.26)磁制冷材料,系统研究了该系列材料的成相与球磨时间、烧结温度、烧结压力和保温时间的关系,确定了稳定的该系列磁制冷材料的 SPS 制备工艺(1.5h 球磨、30MPa 压力下 930℃ 烧结并保温 10min)。发现随着 SPS 温度的升高,合金中的杂质相逐渐减少,当烧结温度大于 920℃ 时,杂质峰已没有明显的变化。其中 $Mn_{1.2}Fe_{0.8}P_{0.74}Ge_{0.26}$ 合金的居里温度为 277.4K,接近于室温区间,滞后为 3K,熵变为 21.5J/(kg·K),如图 1.43 所示,表明 $Mn_{1.2}Fe_{0.8}P_{0.74}Ge_{0.26}$ 合金是一种较理想的磁制冷工质材料。

潘利军等[73]采用高能球磨法制得了 $SmCo_7-xFe_x$ 非晶粉末,然后通过 SPS 技术将其烧结为块状纳米晶磁体,对烧结磁体的微观组织结构和磁性能进行了观察和测试。结果表明,$SmCo_7-xFe_x$ 球磨 5h 后成为非晶粉末,经 SPS 烧结后得到 1:7 相。TEM 观察表明,磁体晶粒尺寸为 20~50nm。另外,烧结体具有较好的磁性能:当 $x=0.4$ 时,矫顽力 H_{cj} 为 992.8kA/m,剩磁 B_r 为 0.634T,最大磁能积 $(BH)_{max}$ 为

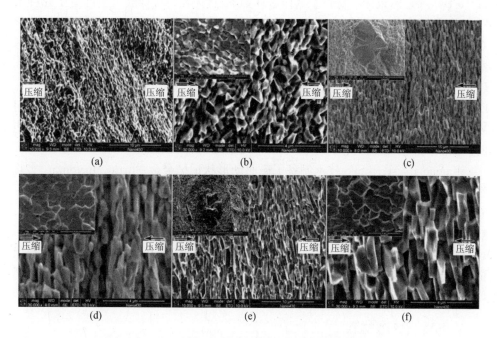

图 1.42　SPS 热变形处理后 $Nd_2Fe_{14}B$ 合金的微观组织

(a), (b) 750 ℃, 60%；(c), (d) 800 ℃, 60%；(e), (f) 900 ℃ ((b), (d) 和 (f)
中的插图表示垂直于加压方向的微观组织,(c)和(e)中的插图表示合金晶粒的异常长大)。

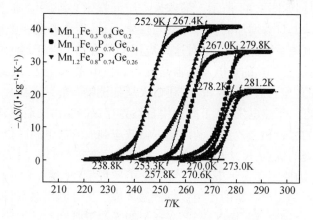

图 1.43　SPS 制备 $Mn_{2-x}Fe_xP_{1-y}Ge_y$ (x = 0.8、0.9,
y = 0.2、0.24、0.26)合金的 DSC 熵变曲线

69.75 kJ/m³。

Sugiyama[74] 报道了采用机械合金化(Mechanical Alloying, MA)和 SPS 技术制

备 $Tb_xDy_{1-x}Fe_y$ 磁致伸缩材料。具体过程如下：首先在行星球磨机上准备了几种不同成分的合金粉末 $Tb_xDy_{1-x}Fe_y$（$x=0\sim1.0$，$y=1.6,1.8,2.0$），然后采用 SPS 技术对所得到的非晶粉末进行致密化处理。在烧结中温度低于 500℃ 时，粉末结构基本未发生变化；当烧结温度高于 500℃ 时，粉末变成几种金属间化合物，如 $TbFe_2$、$DyFe_2$ 和 Dy_6Fe_{23}。X 射线衍射结果表明，烧结后对磁致伸缩作用没有用处的 Dy_6Fe_{23} 相变少了。研究结果表明，在 800℃ 烧结时试样的相对密度达到了 98%，采用 MA-SPS 法在 800℃ 的温度下制成的 $Tb_{0.5}Dy_{0.05}Fe_{1.8}$ 合金具有最佳磁致伸缩性能的产品。

Kainuma[75] 采用 SPS 技术制备了磁驱动形状记忆合金 $Ni_{43}Co_7Mn_{39}Sn_{11}$。实验过程如下：首先通过雾化法制备 $Ni_{43}Co_7Mn_{39}Sn_{11}$ 合金粉，从中筛取粒度为 25～63μm 的粉末，在氩气保护下进行 24h（1173K）的退火处理，并在冰水中进行淬火，然后对合金粉末进行 SPS 致密化处理。SPS 工艺参数为：烧结温度为 1073～1173K，烧结时间为 15min，烧结压力为 50MPa，真空度为 1Pa。研究结果表明，在保证合金磁性能基本不变的前提下，合金的韧性大幅度提高，而且具有良好的磁场诱导形状恢复性能。

1.8.6　热电材料

热电材料是一种能将热能和电能相互转换的功能材料，1823 年发现的塞贝克效应和 1834 年发现的帕尔帖效应为热电能量转换和热电制冷的应用提供了理论依据，其工作原理如图 1.44 所示。随着人类空间探索兴趣的增加、医用物理学的进展以及在地球上日益增加的资源考察与探索活动，需要开发一类能够自身供能且无需照看的电源系统，热电发电对这些应用尤其合适。对于遥远的太空探测器来说，放射性同位素供热的热电发电器是唯一的供电系统。已被成功地应用于美国宇航局发射的"旅行者"一号和"伽利略火星探测器"等宇航器上。自然界温差和工业废热均可用于热电发电，可能利用自然界存在的非污染能源，因此热电发电技术具有良好的综合社会效益。利用帕尔帖效应制成的热电制冷机具有机械压缩制冷机难以媲美的优点：尺寸小、质量轻、无任何机械转动部分，工作无噪声，无液态或气态介质，因此不存在污染环境的问题，可实现精确控温，响应速度快，器件使用寿命长。还可为超导材料的使用提供低温环境。另外利用热电材料制备的微型元件可用于制备微型电源、微区冷却、光通信激光二极管和红外线传感器的调温系统，大大拓展了热电材料的应用领域。因此，热电材料是一种有着广泛应用前景的材料，在环境污染和能源危机日益严重的今天，进行新型热电材料的研究具有很强的现实意义。鉴于 SPS 独特的技术优势，采用 SPS 技术制备新型的热电材料已成为热电功能材料的研究热点。

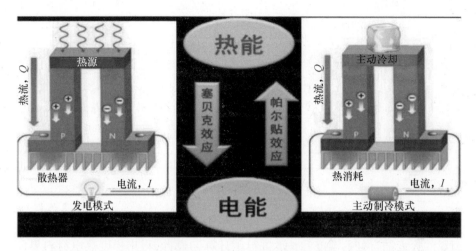

图 1.44 热电材料的工作原理

Lim[76]等采用 SPS 技术制备了 $(Bi_{0.25}Sb_{0.75})_2Te_3$ 热电合金,探讨了 SPS 烧结温度和保温时间对合金热电性能的影响规律,图 1.45 为 $(Bi_{0.25}Sb_{0.75})_2Te_3$ 热电合金高质量结晶区体积分数随 SPS 时间和温度的变化关系曲线。研究认为,在液相烧结阶段,Te 元素的快速挥发导致合金的热电性能和烧结时间密切相关;而在固相烧结阶段,合金的热电性能与烧结时间的关联性便不再明显。热电材料的品质因数越高($Z = \alpha^2/k\rho$,其中 Z 是品质因数,α 为 Seebeck 系数,k 为导热系数,ρ 为材料的电阻率),其热电转换效率也越高。Seung - Hyub Baek 的研究表明,在烧结温度为 500℃、保温时间为 30min 时,制备的 $(Bi_{0.25}Sb_{0.75})_2Te_3$ 合金热电性能最好,其品质因数达到了 $2.93 \times 10^{-3}K^{-1}$。Gil - Geun Lee 在烧结温度为 573K、保温时间为 180s、烧结压力为 70MPa、升温速率为 2.5K/s 的 SPS 条件下制备得到了 $Bi_{0.5}Sb_{1.5}Te_3$ 合金,其品质因数达到了 $4.21 \times 10^{-3}K^{-1}$。采用 SPS 技术制备的热电材料还有 $GeSb_6Te_{10}$、$ZnSb$、Mg_2Si、$AlMgB_{14}$、$Cu_{1.8}Se_{1-x}S_x$ 等。

成分梯度化是目前提高热电材料热电效率的有效途径。例如,成分梯度变化的 $\beta - FeSi_2$ 就是一种很有前途的热电材料,可在 200 ~ 900℃ 之间进行热电转换。$\beta - FeSi_2$ 没有毒性,在空气中有很好的抗氧化性,并且具有较高的电导率和热电功率。实验表明,采用 SPS 制备的成分梯度变化的 $\beta - FeSi_x$(Si 含量可变),比 $\beta - FeSi_2$ 的热电性能大幅度提高。采用 SPS 技术制备成分梯度变化的热电材料还有 $Cu/Al_2O_3/Cu$、$Mg - FeSi_2$、$\beta - Zn_4Sb_3$ 以及钨硅化物等。王军[77]等通过 SPS 法制备了 $Bi_2Te_3/CoSb_3$ 二元梯度热电材料。分析结果表明,均质材料 Bi_2Te_3 和 $CoSb_3$ 在界面处结合紧密。当热端和冷端的温度分别保持在 800K 和 300K 时,分别对 2 种均

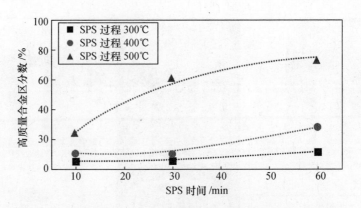

图 1.45 高质量结晶区体积分数随 SPS 时间和温度的变化关系

质材料的界面结合处的温度和长度进行了计算和设计,得出梯度热电材料界面结合处的最佳温度约为 500K,相应的 Bi_2Te_3 和 $CoSb_3$ 长度分别为 1.2mm 和 10mm。同时通过对梯度热电材料的赛贝克系数和功率因子的研究发现,梯度热电材料的赛贝克系数相对于均质材料在一个较宽的温度范围内具有较高的数值;在 360 ~ 460K 的温度范围内,梯度热电材料具有较 2 种均质材料 Bi_2Te_3 和 $CoSb_3$ 高的功率因子。

采用单向生长法制备用于热电致冷的传统半导体材料时,不仅材料强度和耐久性差,而且生产周期长、成本高。而采用普通烧结法生产半导体致冷材料,虽然改善了材料的机械强度,提高了材料的使用率,但是材料的热电性能却远远达不到单晶半导体的性能要求。而采用 SPS 技术生产半导体致冷材料,在几分钟内就可以制备出晶体生长法需要十几个小时才能得到的半导体材料。而且,采用 SPS 技术制备半导体热电材料,可直接加工成圆片,不需要单向生长法那样的切割加工,这样就大幅度提高了生产效率,并减少了材料消耗。另外,用 SPS 技术制备的热电半导体材料的品质因数 Z 值已达到 0.0029 ~ 0.003K^{-1},几乎等于单晶半导体的性能。

1.8.7 铁电材料

铁电材料同时具有铁电性、铁弹性、热释电性、压电性及逆压电性等多种耦合性质以及其他独特的物理性质,如力—电—热耦合性质、电—声—光耦合性质、非线性光学效应、开关特性等,这些性质使铁电材料获得了十分广泛的应用,成为当前国际高新技术材料中非常活跃的研究领域之一。铁电材料制成的器件具有应用范围广、灵敏度高、可靠性高等优点。因此,世界各国已投入大量的人力物力对铁电材料进行开发研究。

陈亭亭等[78]通过 SPS 技术制备出了高致密度、细晶的 $Ba_{1-x}Sr_xTiO_3$($x=0.30$, 0.35)铁电陶瓷(BST-30、BST-35)材料,利用拉曼光谱和透射电子显微镜对 SPS 和传统固相烧结法(CS)烧结陶瓷的微观结构和性能进行了对比分析。研究发现,SPS 试样的晶粒尺寸比 CS 的小;随着晶粒尺寸的减小,试样中四方相逐渐减少,介电常数逐渐减小,而介电弥散逐渐增大。这些现象可归因于随四方相的减少以及单位体积内所含铁电畴壁量减少。同时发现陶瓷的晶粒尺寸对畴结构的影响很大,即 SPS 试样中的四方相结构发育不完全,导致其铁电畴形成不完全,从而降低了介电常数。测量了 SPS 和 CS 两种烧结方法制备的 BST-30 和 BST-35 陶瓷在不同温度下的极化值,发现烧结法会影响陶瓷的铁电性能,从而影响电卡效应。SPS 制备的 BST-35 及 BST-30 陶瓷,致密度高,晶粒细,大大提高了其介电击穿场强,介电击穿场强可达 $90kV/cm$,比 CS 样品高出 1 倍多。SPS 制备的 BST-35 陶瓷在 30℃ 附近获得最大的电卡效应,即 $\Delta E=90kV/cm$ 时,ΔT 值为 $2.1℃$,是 CS 试样的 2.5 倍左右,最大的 ΔS 值为 $3.28J/(kg \cdot K)$;其 $\Delta T/\Delta E$ 值为 $0.0233mK \cdot cm/V$,比 CS 试样的 $\Delta T/\Delta E$ 值提高了 12%。

他们还通过 SPS 技术制备了单相的 $Ba_{1-x}Sr_xTi_{0.997}Mn_{0.003}O_3$($x=0.30$, 0.35)陶瓷(BSTM-30、BSTM-35)材料,由于 Mn^{2+} 的离子半径比 Ti^{4+} 的大,置换后晶格发生畸变,体积变大。由于铁电相自由能升高,四方相稳定性降低,导致相变温度向低温方向移动,且 Femi 能级下移,从而降低了材料的漏导电流和介电损耗。研究发现,SPS 制备的 BSTM-35 陶瓷在 20℃ 获得最大的电卡效应,即 $\Delta E=130kV/cm$ 时,ΔT 值为 $3.08℃$,是 CS 烧结 BST-35 陶瓷的 3.7 倍左右,是 SPS 烧结 BST-35 陶瓷的 1.4 倍;最大的 ΔS 值为 $4.77 J/(kg \cdot K)$;其 $\Delta T/\Delta E$ 值为 $0.0237mK \cdot cm/V$,比 CS 试样的 $\Delta T/\Delta E$ 值提高了 22%。

Sun[79]等通过 SPS 技术制备了 Bi_3TaTiO_9 无铅铁电陶瓷材料。具体流程如下:首先将 Bi_2O_3(99.975%)、Ta_2O_5(99%)及 TiO_2(99.8%)粉按照一定的重量比混合,球磨 4h,再将混合粉依次在 850℃ 和 950℃ 下锻造 2h,然后将混合粉置于 SPS 系统中在 930℃ 和 1080℃ 温度下分步进行烧结(二步烧结法),最后将烧结样品在空气中加热到 950℃ 并保温 10h 进行脱碳处理。图 1.46 显示了煅烧后陶瓷粉末的 XRD 图谱及烧结后陶瓷材料不同方向上的微观组织。从中可以看出,Bi_3TaTiO_9 陶瓷材料微观组织具有明显的各向异性,导致陶瓷材料的压电性能、铁电性能均出现了各向异性。性能测试结果显示,试样横向方向上的介电常数、压电系数以及铁电剩余极化强度均明显高于纵向方向上的相应值。而且,采用 SPS 技术制备的 Bi_3TaTiO_9 铁电陶瓷材料具有很高的居里点($T_c=850℃$)。

Gao 等[80]通过 SPS 技术制备了 $La_2Ti_2O_7$ 织构铁电陶瓷材料。具体制备工艺

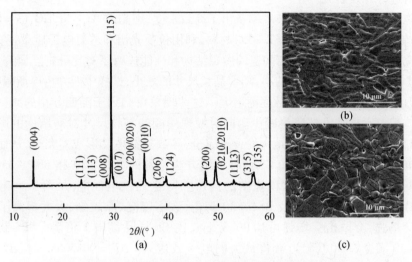

图 1.46　陶瓷粉末 XRD 图及陶瓷微观组织

（a）陶瓷粉末 XRD 图；（b）试样横向微观组织；（c）试样纵向微观组织。

如下

①粉末制备：首先将 La_2O_3、TiO_2 粉进行混合，然后将混合粉在 1450℃ 下煅烧 2h，再将煅烧后的粉末球磨 4h，获得 $La_2Ti_2O_7$ 粉末。②SPS 烧结：首先将 $La_2Ti_2O_7$ 粉末在 1200℃、80MPa 的条件下预烧结 3min，然后在 1450℃、50MPa 的条件下预烧结 5min。③热处理：将烧结后的样品在 1400℃ 处理 20h，去除碳污染。图 1.47 为 $La_2Ti_2O_7$ 铁电陶瓷材料的微观组织，表明在样品的不同方向，陶瓷材料的微观组织呈现出明显的差异。正是由于微观组织的差异，导致陶瓷材料在平行方向上的电阻率明显高于其在垂直方向上的电导率。测试结果也表明，陶瓷材料在平行方向上的电导活化能 E_a 为 1.45eV，而在垂直方向上的电导活化能仅为 0.67eV。

采用 SPS 技术在 900～1000℃ 条件下烧结 1～3min，可以制备出平均颗粒尺寸小于 1μm，相对密度超过 98% 的 $PbTiO_3$ 铁电陶瓷。由于陶瓷中孔洞较少，因此在 10～10^6Hz 之间，材料的介电常数基本不随频率的变化而变化。

用 SPS 技术制备铁电 $Bi_4Ti_3O_{12}$ 陶瓷时，在烧结体晶粒开始长大的同时，陶瓷迅速致密化。可发现晶粒择优取向的 $Bi_4Ti_3O_{12}$ 陶瓷的电性能有强烈的各向异性。用 SPS 技术在 900℃ 烧结制备的 $BaTiO_3$ 陶瓷，其晶粒尺寸接近 200nm。用 SPS 制备铁电 Li 置换 II－VI 半导体 ZnO 陶瓷，可使其铁电相变温度 T_c 提高到 470K，而采用热压烧结方法制备的半导体 ZnO 陶瓷 T_c 只有 330K。

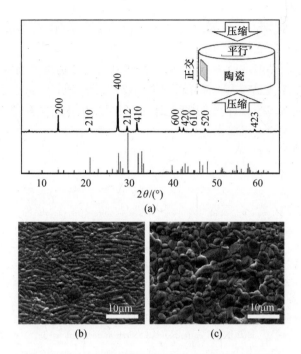

图 1.47 La₂Ti₂O₇陶瓷材料 XRD 图及其微观组织

（a）平行方向上陶瓷的 XRD 图；（b）垂直方向上的微观组织；（c）平行方向上的微观组织。

1.9 放电等离子烧结技术存在的问题及展望

从第一台商业化 SPS 系统问世至今，SPS 技术经历了 20 多年的发展。尽管 SPS 技术在新材料的研发、制备及生产过程中显示出巨大的优势，但仍存在以下主要问题急需解决：

（1）在基础理论方面，SPS 的烧结机理目前尚不完全清楚，尤其对于非导电材料 SPS 烧结机理的认识学界还存在较大的分歧，需要进行大量的实践与理论研究来补充完善。

（2）在原材料方面，需要发展适合 SPS 技术的粉末材料，以提高产品质量。

（3）在工艺方面，需要建立模具和工件之间温度场的对应关系，以便更好地控制烧结过程和提高产品质量。

（4）在模具方面，需要研制比目前使用的石墨模具材料强度更高、重复使用率更好的新型高温模具材料，同时需要进行模具的结构设计研究，以提高模具的承载能力和降低模具费用。

（5）在设备方面，SPS 需要增加设备的多功能性和脉冲电流的容量，以便制备尺寸更大的产品,特别需要发展全自动化的 SPS 生产系统,以满足复杂形状、高性能产品和三维梯度功能材料的生产需要。

(6) 在 SPS 产品的性能测试方面,需要建立与之相适应的检测标准和方法。

随着烧结装备、烧结方法、使用技巧的不断升级和创新,SPS 技术将在材料微观结构与宏观性能调控、结构—功能一体化材料设计、先进多功能材料制备等诸多方面显示出更广阔的应用前景。

参考文献

[1] Wang F C, Zhang Z H, Sun Y J, et al. Rapid and low temperature spark plasma sintering synthesis of novelcarbon nanotube reinforced titanium matrix composites[J]. Carbon, 2015, 95: 396 – 407.

[2] Orru R, Licheri R, Locci A M, et al. Consolidation and synthesis of materials by electric current activated/assisted sintering [J]. Materials Science and Engineering: R, 2009, 63(4 – 6): 127 – 287.

[3] Wang F C, Zhang Z H, Luo J, et al. A novel rapid route for in situ synthesizing TiB – TiB₂ composites [J]. Composites Science and Technology, 2009, 69(15 – 16): 2682 – 2687.

[4] Anselmi – Tamburini U, Gennari S, Garay J E, et al. Fundamental investigations on the spark plasma sintering/synthesis process: II. Modeling of current and temperature distributions[J]. Materials Science and Engineering: A, 2005, 394(1): 139 – 148.

[5] 房明浩. 放电等离子烧结非导电性材料的机理研究[D]. 北京: 清华大学, 2005.

[6] Omori M. Sintering, consolidation, reaction and crystal growth by the spark plasma system (SPS) [J]. Materials Science and Engineering A, 2000, 287(2): 183 – 188.

[7] Ishiyama M. Plasma activated sintering (PAS) system [J]. Journal of the Japan Society of Powder and Powder Metallurgy, 1993, 40: 931 – 934.

[8] 肖勇. 钛合金放电等离子烧结过程温度场与结构场数值模拟[D]. 湘潭: 湖南科技大学, 2013.

[9] Zhang Z H, Liu Z F, Lu J F, et al. The sintering mechanism in spark plasma sintering – Proof of the occurrence of spark discharge. Scripta Materialia. 2014, 81: 56 – 59.

[10] Zhang Z H, Wang F C, Lee S K, et al. Microstructure characteristic, mechanical properties and sintering mechanism of nanocrystalline copper obtained by SPS process. Materials Science and Engineering: A. 2009, 523(1 – 2): 134 – 138.

[11] 张久兴, 岳明, 宋晓艳, 等. 放电等离子烧结技术与新材料研究[J]. 功能材料, 2004, 35: 94 – 104.

[12] Tomino H, Watanabe H, Kondo Y. Electric current path and temperature distribution for sparksintering [J]. Journal of the Japan Society of Powder and Powder Metallurgy, 1997, 44(10): 974 – 979.

[13] Carney C M, Mah T I. Spark plasma sintering of conductive and nonconductive ceramics [J]. Journal of the American Ceramic Society, 2008, 91(10): 3448 – 3450.

[14] Hulbert D M, Anders A, Dudina D V, et al. A discussion on the absence of plasma in spark plasma sintering [J]. Scripta Materialia, 2009, 60(10): 835 – 838.

[15] 徐强, 朱时珍, 倪川浩, 等. SiC 陶瓷的 SPS 烧结机理研究[J]. 稀有金属材料与工程, 2007, 36(增 1): 341 – 343.

[16] Belmonte M, Osendi M I, Miranzo P. Modelling the effect of pulsing on the spark plasmasintering of silicon ni-

tride materials [J]. Scripta Materialia, 2011, 65(3): 273 - 276.

[17] Chen I W, Kim S W, Li J, et al. Ionomigration of neutral phases in ionic conductor [J]. Advanced Energy Materials, 2012, 2(11): 1383 - 1389.

[18] Langer J, Hoffmann M J, Guillon O. Electric field - assisted sintering and hot pressing ofyttria - stabilized zirconia [J]. Journal of the American Ceramic Society, 2011, 94(1): 24 - 31.

[19] Raj R, Rehman A. Can die configuration influence field - assisted sintering of oxides in the SPS process [J]. Journal of the American Ceramic Society, 2013, 96(12): 3697 - 3700.

[20] Grasso S, Saunders T, Porwal H, et al. Flash spark plasma sintering (FSPS) of Pure ZrB$_2$[J]. Journal of the American Ceramic Society, 2014, 97(8): 2405 - 2408.

[21] Song S X, Wang Z, Shi G P. Heating mechanism of spark plasma sintering [J]. Ceramics International, 2013, 39(2): 1393 - 1396.

[22] 龙雁,李元元,李小强,等. 脉冲频率对铁基粉末脉冲电流烧结过程的影响[J]. 中国有色金属学报, 2006,16(12):2016 - 2020.

[23] Xie G Q, Ohashi O, Chiba K, et al. Frequency effect on pulse electric current sintering process ofpure aluminum powder [J]. Materials Science and Engineering A, 2003, A359: 384 - 390.

[24] James M F, Anselmi - Tamburini U, Zuhair A M. Current effects on neck growth in the sintering of copper spheres to copper plates by the pulsed electric current method[J] Journal of Applied Physics, 2007, 101: 114914.

[25] Bernard G, Addad A, Fantozzi G, et al. Spark plasma sintering of a commercially available granulated zirconia powder: Comparison with hot - pressing [J]. Acta Materialia, 2010, 58(9): 3390 - 3399.

[26] Xu J, Casolco S R, Garay J E. Effect of varying displacement rates on the densification of nanostructured zirconia by current activation [J]. Journal of the American Ceramic Society, 2009, 92(7): 1506 - 1513.

[27] Gender M, Maitre A, Trolliard G. Synthesis of zirconium oxycarbide (ZrC$_x$O$_y$) powder: Influence of stoichiometry on densification kinetics during spark plasma sintering and on mechanical properties [J]. Journal of European Ceramic Society, 2011, 31(13):2377 - 2385.

[28] Ji W, Rehman S S, Wang W M, et al. Sintering boron carbide ceramics without grain growth by plastic deformation as the dominant densification mechanism [J]. Scientific Reports, 2015, 5: 15827.

[29] Salamon D, Eriksson M, Nygren M, et al. Can the use of pulsed direct current induce oscillation in the applied pressure during spark plasma sintering [J]. Science and Technology of Advanced Materials, 2012, 13 (1): 015005.

[30] Zhao L D, Zhang B P, LI J F, et al. Enhanced thermoelectric and mechanical properties in textured n - type Bi$_2$Te$_3$ prepared by spark plasma sintering [J]. SolidState Sciences, 2008, 10(5): 651 - 658.

[31] Zhang Z H, Wang F C, Wang L. Ultrafine - grained copper prepared by spark plasma sintering process [J]. Materials Science and Engineering A, 2008, 476(1 - 2): 201 - 205.

[32] Wang C, Zhao Z. Transparent MgAl$_2$O$_4$ ceramic produced by spark plasma sintering [J]. Scripta Materialia, 2009, 61(2): 193 - 196.

[33] Trunec M, Maca K, Shen Z J. Warm pressing of zirconia nanoparticles by the spark plasma sintering technique [J]. Scripta Materialia, 2008, 59(1): 23 - 26.

[34] Hong C Q, Zhang X H, Li W J, et al. A novel functional graded material in the ZrB$_2$ - SiC and ZrO$_2$ system by spark plasma sintering [J]. Material Science and Engineering A, 2008, 498: 437 - 441.

［35］ Liu Y, Jin Z H. Electric current assisted sintering of continuous functionally graded $Ti_2 AlN/Tin$ Material ［J］. Ceramics International, 2012, 38(1): 217 – 222.

［36］ Hwan – tae K, Masakazu K, Masao T. Specimen temperature and sinterability of Ni powder by spark plasma sintering［J］. Joumal of the Japan Society of Powder and Powder Metallurgy, 2000,47(8):887 – 891.

［37］ Fessler R F, Chang F C, Merkle B D, et al. Modeling the electroconsolidation process ［C］, Proceedings of the International Conference on Powder Metallurgy and Particulate Materials, New York, 2000.

［38］ 杨俊逸,李元元,李小强,等. 电场活化烧结温度场的数值模拟［J］. 机械工程材料, 2006, 30(11): 73 – 76.

［39］ 刘雪梅,宋晓艳,张久兴,等. 放电等离子烧结制备 WC – Co 硬质合金温度分布的数值模拟［J］. 中国有色金属学报,2008,18(2):221 – 225.

［40］ Wang X, Casolco S R, Xu G et al. Finite element modeling of electric current – activated sintering: The effect of coupled electrical potential, temperature and stress［J］. Acta Materialia, 2007, 55(10): 3611 – 3622.

［41］ Maizza G, Grasso S, Sakka Y. Moving finite – element mesh model for aiding spark plasma sintering in current control mode of pure ultrafine WC powder［J］. Journal of Materials Science, 2009, 44(5): 1219 – 1236.

［42］ Wang C, Cheng L F,Zhao Z. FEM analysis of the temperature and stress distribution in spark plasma sintering: Modelling and experimental validation［J］. Computational Materials Science, 2010, 49:351 – 362.

［43］ Vanmeensel K, Laptev A, Hennicke J, et al. Modelling of the temperature distribution during field assisted sintering ［J］. Scripta Materialia, 2005, 53: 4379 – 4388.

［44］ Xiong Y, Fu Z Y, Wang H, et al. Microstructure and IR transmittance of spark plasma sintering translucent AlN ceramics with CaF_2 additive ［J］. Materials Science and Engineering B, 2005, 123: 57 – 62.

［45］ Zhang Z H, Shen X B, Zhang C, et al. A new rapid route to in – situ synthesize TiB – Ti system functionally graded materials using spark plasma sintering method ［J］. Materials Science and Engineering A, 2013, 565: 326 – 332.

［46］ Wei S, Zhang Z H, Shen X B, et al. Simulation of temperature and stress distributions in functionally graded materials synthesized by a spark plasma sintering process［J］. Computational Materials Science,2012, 60: 168 – 175.

［47］ Wei S, Zhang Z H, Shen X B, et al. Numerical simulation for residual stresses of the spark plasma sintered Ti – TiB composites［J］. Journal of Computational and Theoretical Nanoscience, 2012, 9(9): 1180 – 1184.

［48］ Muňoz S, Anselmi – Tamburini U. Temperature and stress fields evolution during spark plasma sintering processes ［J］. Journal of Materials Science, 2010, 45(23): 6528 – 6539.

［49］ Wang H, Cheng X W, Zhang Z H, et al. Microstructures and mechanical properties of bulk nanocrystalline silver fabricated by spark plasma sintering ［J］. Materials Science and Engineering A, 2016, 31(15): 2223 – 2232.

［50］ Liu Z F, Zhang Z H, L J F, et al. Effect of sintering temperature on microstructures and mechanical properties of spark plasma sintered nanocrystalline aluminum ［J］. Materials & Design, 2014, 64: 625 – 630.

［51］ Liu Z F, Zhang Z H, Alexander V K. A novel and rapid route for synthesizing nanocrystalline aluminum ［J］. Materials Science and Engineering A, 2014, 615: 320 – 323.

［52］ Fu Z Q, Chen W P, Enrique J L,et al. Microstructure and strengthening mechanisms in an FCC structuredsingle – phase nanocrystalline $Co_{25} Ni_{25} Fe_{25} Al_{7.5} Cu_{17.5}$ high – entropyalloy ［J］. Acta Materialia, 2016, 107: 59 – 71.

［53］Rana J K, Sivaprahasam D, Sarma V S, et al. Microstructure and mechanical properties of nanocrystalline high strength Al – Mg – Si（AA6061）alloy by high energy ball milling and spark plasma sintering［J］. Materials Science and Engineering A, 2009, 527(1 – 2): 292 – 296.

［54］Wu Z Y, Fan X A, Li G Q, et al. Evolution from amorphous to nanocrystalline and corresponding magnetic properties of Fe – Si – B – Cu – Nb alloys by melt spinning and spark plasma sintering［J］. Materials Science and Engineering B, 2014, 187: 61 – 66.

［55］Jajarmi E, Desogus L, Orru R. On the fabrication of functional graded 3Y – PSZ/316L materials by SPS: Process optimization and characterization of the obtained products［J］. Ceramics International, 2016, 42(7): 8351 – 8359.

［56］徐金富, 吴海飞, 张学彬, 等. 基于 MoSi$_2$/316L 连接梯度过渡层的组织与形貌［J］. 表面改性技术, 2008, 33(6): 42 – 46.

［57］Tokita M. Development of large – sized ceramic/metal bulk FGM fabricated by Spark Plasma Sintering［J］. Materials Science Forum, 1999, 308 – 311: 83 – 88.

［58］Omori M, Kakita T, Okubo A, et al. Preparation of a WC/ Mo functionally graded material［J］. Journal of the Japan institute of Metals, 1998, 62(11): 986 – 991.

［59］张利平, 张国珍, 张久兴, 等. 叠层加压 SPS 烧结制备梯度硬质合金［J］. 稀有金属材料与工程, 2006, 35(1): 70 – 73.

［60］Lkegaya A, Uchino K, Miyagawa T, et al. Study on the composition graded cemented carbide/steel by spark plasma sintering［A］. Proceedings of the 4th International Symposium on Functionally Graded Materials［C］. Netherlands: Elsevier, Amsterdam, 1997.

［61］刘卫强, 岳明, 刘燕琴. 放电等离子烧结技术制备 Tb – Fe – Co/Ti 复合梯度磁光靶材［J］. 粉末冶金工业, 2005, 23(1): 52 – 54.

［62］Tan Z, Wang L, Xue Y F, et al. High – entropy alloy particle reinforced Al – based amorphous alloy composite with ultrahigh strength prepared by spark plasma sintering［J］. Materials and Design, 2016, 109: 219 – 226.

［63］Graeve O A, Saterlie M S, Kanakala R, et al. The kinetics of devitrification of amorphous alloys: The time – temperature – crystallinity diagram describing the spark plasma sintering of Fe – based metallic glasses［J］. Scripta Materialia, 2013, 69(2): 143 – 148.

［64］Ram S M, Ashutosh S, Tapas L. Quantitative phase analysis in Al$_{86}$Ni$_8$Y$_6$ bulk glassy alloy synthesized by consolidating mechanically alloyed amorphous powder via spark plasma sintering［J］. Materials and Design, 2016, 93: 96 – 103.

［65］Yeh J W, Chen S K, Lin S J. Nanostructured high – entropy alloys with multiple principal elements: Novel alloy design concepts and outcome［J］. Advanced Engineering Materials, 2004, 6(5): 299 – 303.

［66］周鹏飞, 刘彧, 余永新. 放电等离子烧结制备 AlCoCrFeNi 高熵合金的组织演变与力学性能［J］. 材料导报 B, 2016, 30(11): 95 – 99.

［67］Liu Y, Wang J S, Fan Q H, et al. Preparation of superfine – grained high entropy alloy by spark plasma sintering gas atomized powder［J］. Intermetallics, 2016, 68: 16 – 22.

［68］Ganji R S, Karthik P S, Rao K B S, et al. Strengthening mechanisms in equiatomic ultrafine grained AlCoCrCuFeNi high – entropy alloy studied by micro – and nanoindentation methods［J］. Materials Letters, 2017, 125: 58 – 68.

[69] 张月. 放电等离子烧结制备 CoCrFeNiTi$_x$ 高熵合金组织与性能研究[D]. 哈尔滨:哈尔滨理工大学,2016.

[70] Gheiratmand T, Madaah Hosseini H R, Davami P. Fabrication of FINEMET bulk alloy from amorphous powders by spark plasma sintering [J]. Powder Technology, 2016, 289: 163 - 168.

[71] 李小强,陈志成,杨超,等. 放电等离子烧结—热变形技术制备 NdFeB 永磁材料[J]. 稀有金属材料与工程,2013, 42(1): 194 - 199.

[72] 张虎,刘丹敏,王少博,等. Mn$_{2-x}$Fe$_x$P$_{1-y}$Ge$_y$($x = 0.8$、0.9, $y = 0.2$、0.24、0.26)磁制冷材料的制备工艺及磁热性能研究[J]. 功能材料,2013, 21(44): 3103 - 3107.

[73] 潘利军,张东涛,岳明,等. SPS 制备 SmCo$_{7-x}$Fe$_x$ 块状纳米晶磁体的研究[J]. 稀有金属材料与工程, 2009, 38(1): 161 - 163.

[74] Sugiyama A, Kobayashi K, Ozaki K. Synthesis of Tb - Dy - Fe alloy by mechanical alloying and its consolidation [J]. Journal of the Japan Society of Powder and Powder Metallurgy, 1999, 46(6): 648 - 652.

[75] Ito K, Umetsu R Y, Kainuma R, et al. Metamagnetic shape memory effect in polycrystalline NiCoMnSn alloy fabricated by spark plasma sintering [J]. Scripta Materialia, 2009, 61(5): 504 - 507.

[76] Lim S S, Kim J H, Kwon B, et al. Effect of spark plasma sintering conditions on the thermoelectric properties of $(Bi_{0.25}Sb_{0.75})_2Te_3$ alloys [J]. Journal of Alloys and Compounds,2016, 678: 396 - 402.

[77] 王军,唐新峰,张清杰. P 型 Ba$_{1-x}$Sr$_x$TiO$_3$ 基陶瓷的铁电性能及电卡效应[J]. 武汉理工大学学报,2004, 26(10): 1 - 4.

[78] 陈亭亭. Ba$_{1-x}$Sr$_x$TiO$_3$ 基陶瓷的铁电性能及电卡效应[D]. 杭州:浙江大学,2013.

[79] Sun Y H, Zheng L, Zhang H F, et al. Lead freeBi$_3$TaTiO$_9$ ferroelectric ceramics with high Curie point [J]. Materials Letters, 2016, 175: 79 - 81.

[80] Gao Z P, Wu L F, Lu C J, et al. The anisotropic conductivity of ferroelectric La$_2$Ti$_2$O$_7$ ceramics [J]. Journal of the European Ceramic Society, 2017, 37: 137 - 143.

第2章 钛基复合材料及其制备技术

2.1 钛合金及其复合材料

钛合金从20世纪50年代起,就作为工业界的重要结构金属材料之一而备受瞩目。钛合金具有密度低、强度高、耐腐蚀、无磁性等特点,特别是与钢铁等其他的结构金属相比,钛合金在比强度以及耐腐蚀性能方面优势明显。突出的性能优势促使钛合金成为军事工业、航空航天、航海、汽车、石油化工、生物医药等行业的理想材料[1, 2]。由于钛合金可以有效地减轻部件的重量和提高航空航天结构件的效率,目前主要应用于航空航天及军事工业,用来代替结构钢及镍基合金等传统的结构材料,例如,钛合金的强度极限通过现代的热处理工艺能够达到150kg/mm² 以上,比强度约为33;而对于钢来说,则需要具有高达255~265kg/mm²的强度极限才能达到这样高的比强度,这样的钢材不仅制造困难,使用也受到限制。另外,钛合金的耐腐蚀性能与其他常用的金属材料相比也具有很大优势。相比不锈钢而言,钛合金的耐腐蚀性能要高100倍,所以在恶劣的环境中(如高氯离子环境),钛合金也得到了广泛的应用。

随着航空航天等领域对高性能材料的需求不断提高,如超高声速的飞行器及下一代高性能的航空发动机对轻质、高强材料的迫切需求,人们对钛合金的性能提出了越来越高的要求。而现役钛合金已无法满足这样的性能需求。因此,以钛或钛合金为基体的钛基复合材料便应运而生,并部分代替了钛合金应用到上述要求较高的航空航天领域。例如,TC4钛合金作为工业上应用最广泛的钛合金,通过它制备的复合材料也得到了充分的开发:由 Dynamet 公司生产的 TiC 颗粒增强 Ti - 6Al - 4V 复合材料,可以用来制备飞机发动机零件、火箭壳体和导弹尾翼;F16 战斗机使用了荷兰飞机起落架开发公司 SP 航宇开发的钛基复合材料起落架,较之前的 300M 钢起落架,其减重效果非常明显。

在装甲防护领域,由于对抗侵彻能力、抗崩落能力和抗冲击能力的要求,装甲材料应尽可能满足"高硬度、高韧性、高强度、低密度"的技术指标。但是对于装甲材料这种三高一低的技术需求,没有任何一种均质单相材料可以同时满足。钛基复合材料装甲可以兼具陶瓷和金属两种材料的特性,所以具有极大优势。钛基复合材料这种密度小、防护性能高、制造工艺简单的优点,可以同等重量的情况下,通过对其进行适当设计,使其装甲防护能力达到钢装甲的数倍,也就是说在相同的防护等级下,先进复合材料装甲比常规钢装甲轻很多。因此,开展装甲防护用钛基复合材料的应用研究具有重要意义。

在民用领域,钛基复合材料的应用也取得了一定进展。日本丰田汽车研究中心和日本住友公司分别研制了 TiB/Ti – 7Mo – 4Fe – 2Al – 2V 复合材料和 TiC/Ti – 5.7Al – 3.5V – 11.0Cr 复合材料;TiB/Ti – 7Mo – 4Fe – 2Al – 2V 复合材料用于制备汽车发动机的进气和出气阀;TiC/Ti – 5.7Al – 3.5V – 11.0Cr 复合材料具有优良的力学性能和耐腐蚀性能,应用于发动机制造、海水泵轴承、电池用机械、造纸设备以及矿山用机械等领域。

但是钛基复合材料的制备还存在较多的技术问题,特别是低成本、高性能钛基复合材料的制备比较困难。其次,不仅需要制备综合性能较好的复合材料,而且针对不同的应用环境,需要开发不同服役特性的复合材料;最后,针对增强体与基体的界面结合情况的研究也在深入,而且还需要进一步通过控制增强体的形态、尺寸及分布来优化复合材料的力学性能。

2.2　钛基复合材料的增强体

2.2.1　增强体的选择

在钛基复合材料的制备过程中,不仅要对增强相与基体的相互作用进行研究,基体的显微组织与增强相间的匹配关系也是一个重要的研究内容。钛基复合材料的力学性能不仅与增强相的体积分数、性质、尺寸、粒子间距以及增强相与基体间的界面反应等因素有关,而且与基体显微组织也密切相关[3]。对复合材料的显微组织特点进行研究,以便于通过技术工艺方法,获得适宜的钛基体显微组织搭配,也是高性能复合材料的重要开发研究内容之一。

通过在钛基体中加入稳定的第二相,能使其比强度和比刚度显著提高。钛基复合材料的第二相应该具备下列几个特点:①具有较高的物理力学性能,如刚度、强度、硬度等;②热力学稳定性较高,不与基体反应,在烧结制备时不会形成新相;③增强相的元素不溶解于钛;④增强相和基体两者的热膨胀系数不能有太大差异,这样可以减少因此导致的显微裂纹,而且增强体的性质也要稳定,特别是对基体而言。由于钛及其合金与大部分陶瓷相增强体在高温下都容易发生反应,而且在生产过程中这些反应通常非常剧烈,所以增强相与基体界面间的化学反应尤其受到关注。原位合成的钛基复合材料中由于其增强颗粒是在基体内部生成的,很好地解决了界面反应的问题。原位颗粒增强复合材料(PTMCs)由增强体(一般为陶瓷颗粒)和基体两部分组成,所以在受力过程中,颗粒增强体能够承受应力和传递应力;其增强体颗粒的尺寸一般都大于 1μm;而弥散强化和沉淀强化的第二相尺寸一般小于 0.1μm,而且其增强机制主要是通过阻碍位错运动达到的。在诸多增强相中,TiB 较 SiC、Ti_5Si_3、B_4C、TiB_2 和 TiC[4] 而言都有优势,这主要是因为它与钛基体之间的热膨胀系数差异较小,而且具有良好的热力学稳定性;另外,TiB 可以通过原位反应生成,与基体之间可以形成干净整洁的界面,因此它与钛基体组成的复合材料的性能最佳。总之,TiB/Ti 复合材料作为一种性能优良的不连续增强钛基复合材料,具有较高的物理力学性能,如高强度、高刚度、高硬度以及良好的抗冲击性能和耐腐蚀性能等,在航空、航天、兵器等领域都有很大的应用潜力。

表 2.1 所示为一些钛基复合材料增强体的性质[4]。可以看出,TiC、TiB 和 TiB_2 是较常用的增强体,其中由于 TiB 具有优秀的高温稳定性,可以与钛基体通过原位反应生成,并且热膨胀系数与钛基体很接近,因此被认为是最理想的增强体。

表 2.1 常见非连续增强钛基复合材料增强体的性能

陶瓷	密度 /(g·cm⁻³)	熔点 /K	热导率 /(J·cm⁻¹·s⁻¹·K⁻¹)	泊松比	弹性模量 /GPa	抗拉强度 /MPa	热膨胀系数 /10⁻⁶℃
TiB	4.05	2473			550		8.6
TiC	4.99	3433	0.172～0.311	0.188	460	120 (1000℃)	6.25～7.15 (25～500℃)
TiN					250		9.3
Si_3N_4	3.184		0.125		320		3.2
Al_2O_3	3.97	2323	0.25		402		13.3
TiB_2	4.52	3253	0.244～0.260	0.09～0.28	500	129	4.6－8.1
SiC	3.19	2970	0.168	0.183～0.192	430	35～140 (25℃)	4.63(25～500℃)
ZrB^2	6.09	3373	0.231～0.224	0.144	503	201	5.69(25～500℃)
B_4C	2.51	2720	0.273～0.290	0.207	445	158 (980℃)	4.78(25～500℃)

2.2.2 原位反应生成增强体的热力学及动力学分析

1. 热力学分析

原位反应制备钛基复合材料的反应主要有以下几个:

$$Ti + 2B \rightarrow TiB_2 \tag{2.1}$$

69

$$Ti + TiB_2 \rightarrow 2TiB \qquad (2.2)$$

$$Ti + B \rightarrow TiB \qquad (2.3)$$

$$Ti + C \rightarrow TiC \qquad (2.4)$$

$$5Ti + B_4C \rightarrow 4TiB + TiC \qquad (2.5)$$

$$3Ti + B_4C \rightarrow TiB_2 + TiC \qquad (2.6)$$

图 2.1 所示为几种 Ti 基复合材料中增强相的原位反应吉布斯自由能随温度的变化关系曲线,由图可知以上 6 个反应的吉布斯自由能都为负值。由于 Ti 元素与 B 元素反应生成 TiB_2 的吉布斯自由能最低(式(2.1)),所以 TiB_2 将会首先生成。如果 Ti 的含量较高,TiB_2 将会与 Ti 发生反应生成 TiB。因此,在 B 元素含量足够低的情况下,复合材料中会生成稳定的 TiB 相。大多数对 TiB 增强体的研究中都没有报导过中间相的出现。反应式(2.4)、式(2.5)和式(2.6)在一定温度下也都可以自发进行,Ti 与 B_4C 反应中 TiB 与 TiB_2 两种化合物都有可能生成,在 Ti 过量的情况下,可以生成稳定的 TiB,所以通过添加 B_4C 与 Ti 反应生成 TiB 与 TiC 增强 Ti 基复合材料的方法也是可行的。

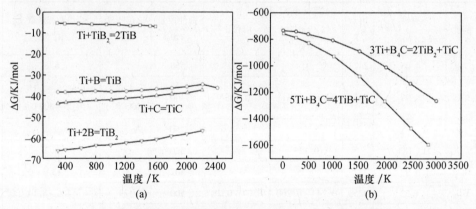

图 2.1　原位反应的吉布斯自由能随温度的变化关系

(a) 单一 TiB 和 TiC 增强相的原位反应;(b) 同时生成 TiB 和 TiC 的反应。

对于利用上述合成反应制备的钛基复合材料,对其反应机理的探讨和深入研究相对较少,不过有文献报道利用原位反应制备 TiC 或者 TiB 增强铝基复合材料,并利用 DTA 等热分析设备确定了反应顺序和铝对反应机理的影响,分析了热力学条件。上海交通大学的吕维洁等[5]对原位反应的非连续钛基复合材料进行了系统的研究,确定了其热力学条件,利用 Thomas - Fermi 理论对 TiB 的生长形貌进行了热力学计算论证,并利用 SEM,TEM,HRTEM 等技术对增强相与基体的形貌和位相关系进行了研究。张幸红等[6]在 Ti - B 二元体系燃烧合成反应中,对 TiB 生成的热力学过程进行了分析研究。

2. 动力学分析

Dybko 等[7]建立了反应扩散模型来描述两种互不相溶的单相物质 A 和 B 之间 AmBn 固态生长的动力学行为,AmBn 层的整个生长过程可以分为两个同时进行的反应,如图 2.2 所示。

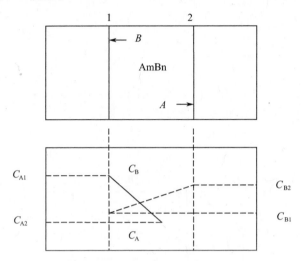

图 2.2　AmBn 固态生长动力学模型

其中一个反应是 B 原子扩散通过 AmBn 层,然后和 A – AmBn 界面(界面1)处的表面 A 原子反应,反应方程式为

$$nB(扩散) + mA(表面) = AmBn \tag{2.7}$$

同理,另一个反应是 A 原子扩散通过 AmBn 层,与 AmBn – B 界面(界面2)处的 B 原子反应,反应方程式为

$$mA(扩散) + nB(表面) = AmBn \tag{2.8}$$

从动力学的观点来看,尽管参加反应的物质是一样的,但是因为参加反应的物质为扩散原子或者表面原子,所以上述两种反应是不一样的。在假定整个生长过程由扩散控制,且扩散过程为稳态的情况下,AmBn 层生长的动力学模型可描述为

$$x^2 = 2\left(D_B \frac{C_{B_2} - C_{B_1}}{C_{B_1}} + D_A \frac{C_{A_2} - C_{A_1}}{C_{A_1}} \right) t \tag{2.9}$$

式中:D 为扩散系数;C 为浓度;下标 A 和 B 表示反应物;下标 1 和 2 表示界面。

扩散系数 D 与温度的关系可由 Arrhenium 方程表示为

$$D = D_0 \exp\left(-\frac{Q^D}{RT} \right) \tag{2.10}$$

式中:D_0 为扩散常数;Q^D 为扩散激活能;R 为气体常数;T 为温度。

此外,扩散过程控制的 AmBn 层的抛物线生长方程[8]为

$$x = kt^{1/2} \tag{2.11}$$

式中:x 为反应层厚度;t 为反应时间;k 为反应物生长速率。

由式(2.9)和式(2.11),可得

$$k^2 = 2\left(D_B \frac{C_{B_2} - C_{B_1}}{C_{B_1}} + D_A \frac{C_{A_2} - C_{A_1}}{C_{A_1}} \right) \tag{2.12}$$

生长速率与两种反应物通过 AmBn 层的扩散相关。为了借助上述模型研究 Ti – TiB$_2$ 体系高温合成 TiB 的动力学过程,除了假设 TiB 的生成过程为稳态扩散控制过程外,还假设 TiB 通过反应 TiB$_2$ + 2Ti = 2TiB 生成。根据 Fan 等[9]的研究,TiB 仅通过 B 原子从 TiB$_x$ 层向 Ti 扩散并和 Ti 反应生成,并不发生基体 Ti 向 TiB$_x$ 层扩散。由此建立了 TiB 的生长模型,如图 2.3 所示。

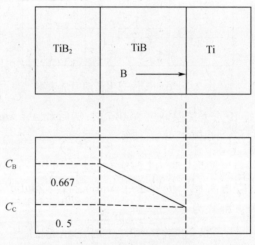

图 2.3   TiB 的生长模型

式(2.12)变为

$$k^2 = 2D_B \frac{C_{B_1} - C_{B_2}}{C_{B_2}} \tag{2.13}$$

代入式(2.10)得

$$k^2 = 2D_{B_0} \exp\left(-\frac{Q_B^D}{RT} \right) \frac{C_{B_1} - C_{B_2}}{C_{B_2}} \tag{2.14}$$

$$\Rightarrow k^2 \propto \exp\left(-\frac{1}{T} \right) \tag{2.15}$$

72

从式(2.15)可知,随着烧结温度的升高,反应物生长速率按指数规律迅速增大。

上述动力学计算得到的 D_B(B 向周围钛基体中的扩散系数)以及 k(TiB 的生长速率)定性地说明了在 Ti – TiB$_2$ 复合材料的烧结过程中,尽管热力学上 TiB$_2$ 较 TiB 更稳定,但 TiB$_2$ 中的 B 向周围钛基体中的扩散系数以及 TiB 的生长速率很高,使得反应 TiB$_2$ + Ti = 2TiB 进行很快,因此复合材料中含有 TiB 相。

2.2.3 增强体的结构特征

Ti 基复合材料中增强体的尺寸、分布、形态对复合材料的力学性能都会产生较大影响。关于增强体的生长形态,过去也进行过大量的研究。原位反应制备的增强体与基体的界面结合较好,引入杂质也较少,制备出的复合材料性能优异。TiB 与 TiC 作为最常用的原位反应增强体,其反应过程简单,与基体的匹配也较好。Ranganath 等[10]使用燃烧辅助合成的方法制备出了含有 TiB 和 TiC 两种增强相的 Ti 基复合材料,生成的 TiB 为短纤维状,而 TiC 倾向于长成树枝晶形状。

TiC 的结构为 NaCl 型的面心立方结构,即 Ti 原子与 C 原子在空间上都成为中心对称的对称轴,所以在各方向上的生长速度相同,容易形成等轴状的晶粒。通过熔铸法制备的 Ti 基复合材料中的 TiC 由于成分过冷而倾向于形成树枝晶组织,其生长可以通过控制凝固过程来改变。快速冷却可以使枝晶间距减少,而且可以改善复合材料的性能。经热锻后,TiC 的树枝状晶体组织会被打碎而形成等轴或者近等轴状的晶粒。

TiC 与 Ti 基体之间的界面为 Ti 与 C 计量比不均匀的过渡层,界面结合是由扩散决定的,而且界面处无反应物存在。在加载过程中 TiC 颗粒断裂后会在过渡层形成裂纹而不是立即扩展到 Ti 基体中,TiC 颗粒因此与基体脱离而使裂纹钝化,这对复合材料的力学性能是有利的。

原位生成的 TiB 增强体主要是棒状或者晶须[11],TiB 的形态是由其晶体结构的特点所决定的。TiB 的稳定结构为 B27 结构,Ti 原子与 B 原子由离子键连接,B 原子之间以共价键连接形成 Z 字形的单链。因为在 Ti 和 B 原子化学配比为 1:1 的面上的生长速度较高,而 Ti 原子和 B 原子化学配比不等的面的生长速度要低一些,所以 TiB 在垂直于 Ti、B 原子化学配比相等的面上生长速度较高,可知 TiB 沿[010]方向生长要快于其他方向的生长而形成晶须状或棒状。通常具有较高密度强键结合的面具有较快的生长速度,而由化学键合理论可知,TiB 中晶体键的结合强度排列为 B – B > Ti – B > Ti – Ti。Ti 原子的堆垛密度排列顺序为(100) > (101) > (001),(001)面由于生长速度最快而不能形成晶体平面,因此 TiB 的横截面由(100)、(101)和(101)面所组成,并形成六边形[12]。

在原位反应合成的 TiB 增强体中会发现大量的层错,这些层错平行于 TiB 的 [100]方向,大都贯穿整个 TiB 晶体。由于 TiB 生长时会首先生成(100)面,在 (100)面堆叠的过程中会由于 B 原子的缺乏而形成平行于(100)面的缺陷。Graef MD 的研究表明,TiB 可以形成两种晶体结构,即 B_f 和 B27 结构,前者为不稳定结构,在合适的制备环境下将不会大量出现。图 2.4 所示为在 B 原子缺乏情况下 TiB 的两种结构的界面原子排列和 B 原子富集情况下 TiB 的 B27 结构与 Ti_3B_4 的界面处原子排列,可以看出这几种排列方式的基本单元类似,所以边界错配非常小。

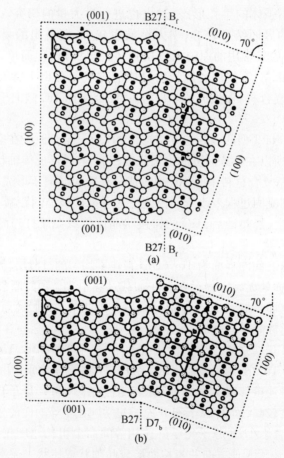

图 2.4　TiB 的界面结合示意图
(a)TiB 的 B27 结构与 B_f 结构的界面; (b)TiB 与 Ti_3B_4 的界面。

冯海波等的研究表明[13,14],TiB 晶体中的缺陷大部分是在晶体长大过程中,由于 B 原子缺乏而致使 TiB 的 B27 结构和 B_f 结构交错排列形成的。TiB 增强体与 Ti 基体之间的界面结合良好，无界面反应物生成，这也是 TiB/Ti 复合材料的性能优异的重要原因。对 TiB 与 Ti 基体的取向关系的研究已经有了大量的报道，但并没有实验证据可以证明 TiB 与 Ti 基体之间存在固定的取向关系。

2.3　钛基复合材料制备方法

原位反应制备的 Ti 基复合材料不仅性能较高，而且可以有效地控制工艺成本，因此得到了广泛关注，制备技术和方法也得以迅速发展。但由于 Ti 的熔点较高，而且在高温下的性质活泼，所以 Ti 基复合材料的制备也受到了这些因素的制约。Ti 基复合材料的主要制备工艺如图 2.5 所示。

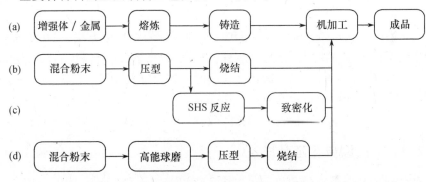

图 2.5　Ti 基复合材料主要制备方法
(a)熔铸法；(b)粉末冶金法；(c)高温自蔓延合成法；(d)机械合金化法。

2.3.1　熔铸法

熔铸法是通过将所需的反应物和 Ti 基体一起熔炼制备复合材料，其原位反应产物在熔炼过程中生成。熔铸法用于复合材料的成型，具有技术简单、性价比高和易于制备复合结构零件等优点。外加法制备复合材料的发展受到了增强相润湿性差和分布不均等问题的阻碍，而且 Ti 在液态下的高反应活性也是制备过程中的一大障碍。通过熔铸法原位反应合成复合材料则避免了这一系列的问题。上海交通大学的吕维洁等[15]对熔铸法制备原位非连续增强 Ti 基复合材料开展了一系列的研究。在熔铸过程中加入适当的反应物，就可以通过原位反应制得 TiB 和 TiC 增强 Ti 基复合材料。增强体的原位反应生长没有润湿性差的问题，而且增强体在基体中均匀分布，界面结合规则，从而使复合材料的力学性能得到较大提高。Soboy-ejo 等[16,17]使用感应凝壳熔炼技术，制备出不同含量 TiB 晶须增强的 Ti 基复合材料,并对增强体的形貌特征及其对复合材料的力学性能的影响做了详细的研究。

燃烧合成—熔铸法(combustion assisted cast,CAC),也称 CAS(combustion assisted synthesis),是在熔铸法的基础上发展起来的,它把传统熔铸法与燃烧合成相结合制备原位反应增强的金属基复合材料。其工艺是将混合均匀的反应物与基体合金一起熔化后浇铸到石墨模具中,在熔融过程中,反应物之间发生原位反应生成增强相,并且均匀分布在基体中。目前 CAC 法已经被多个研究小组用来开展制备 TiC/Ti、TiB/Ti 和 TiB + TiC/Ti 三种 Ti 基复合材料的研究,并对其增强相的生长机制和复合材料的力学性能进行了系统研究和深入分析。CAC 法可以控制增强相的形貌、含量等因素,可以进行显微组织的设计,从而得到有优良综合力学性能的复合材料。

2.3.2　粉末冶金法

粉末冶金法(powder metallurgy,PM)作为一种固相烧结方法,与熔铸法相比,其操作温度低于 Ti 的熔点,界面反应程度较低,制备的复合材料晶粒尺寸可以控制,而且可以经过传统的挤压、锻造和轧制的方法改善其性能。粉末冶金法也可以用于 Ti 基复合材料的制备。Jiang[18] 和 Fan[19] 等分别以粉末冶金法制备了 TiB、TiC 为增强相的 Ti 基复合材料,并对其组织结构和力学性能进行了研究。

2.3.3　高温自蔓延合成法

自蔓延高温合成法(self - propagating high - temperature synthesis,SHS),也称燃烧合成法(combustion synthesis),由苏联科学家 Merzhanov 等在 1967 年最先提出,目前已经可以合成几百种材料,并可以批量生产。SHS 法利用混合反应物的强烈放热反应,使反应可以自发地进行下去。这种方法一般分为自蔓延模式和热爆模式。其区别在于自蔓延模式的反应是以燃烧波的形式由边缘逐渐延伸到整个压坯,而热爆模式则是在压坯中同时开始进行反应。SHS 技术具有如下优点:生产简单,投资少,能量利用充分,反应时间短(几秒到几分钟),加热速度快。但是也正是因为如此,使反应难以控制,生成的材料的孔隙率较高,致密度仅为 30% ~ 70%,所以需要与其他技术相结合来提高致密度。当前的致密化工艺主要有动态压实、热等静压等方法,也开发出了 SHS - 熔铸法、SHS - 挤压铸造法及直接接触反应法等新技术。

2.3.4　机械合金化法

机械合金化法(mechanical alloy,MA)始于 20 世纪 60 年代末,简单地说是一种高能球磨的方法。粉末在球磨过程中变形、破碎、焊合,不仅可以将粒度降低到纳米水平,而且粉末表面活性较高。机械合金化法甚至可以实现在室温条件下难以进行的固态反应,能同时发挥固溶强化、细晶强化、沉淀强化、弥散强化和复合强化等多种强化机制,已经成为制备纳米材料、非晶合金以及一些难以使用传统方法合成的材料的重要方法。

机械合金化法最初用于制备弥散强化的氧化物粒子增强的金属基复合材料,曾成功制备了传统制备方法无法制备的具有细小均匀弥散氧化物粒子的 Ni 基超合金,现在利用这种技术已经可以制备 TiB/Ti、TiC/TiAl 等 Ti 基复合材料,其增强相尺寸非常细小。但是该方法工艺复杂,而且在 Ti 基复合材料的加工过程中,Ti 的活性较高而十分易于氧化,阻碍了机械合金化法在制备非连续增强 Ti 基复合材料中的应用。

2.3.5 XD^{TM}法

XD^{TM}(exothermic dispersion technique)法作为一种新型的原位合成方法,是由美国 Martin Marietta 实验室提出的一种用来制备在金属或金属间化合物基体中细微地分散着陶瓷或金属间化合物颗粒的复合材料。这种工艺是高温陶瓷增强相的组成元素混在基体相中(通常是金属基体)进行加热,基体相在远低于陶瓷相形成的温度下溶化而成为溶剂,组成元素产生放热反应,在溶化的基体中形成微米尺寸的陶瓷颗粒。因为分散体是在原位反应中形成的,这样就可能产生无外来物质污染的洁净的基体与增强相的界面。这种方法可以避免混入氧化物等杂质,对改善复合材料的性能有利。XD^{TM}法已经用于制备硼化物、氮化物和碳化物增强的 Ti 基复合材料,增强体的形态可以为颗粒、片状或者晶须状,是一种比较有发展前景的加工方法。

2.3.6 快速凝固法

快速凝固法(rapid solidification, RS)将是将液态金属基复合材料以较高冷却速度进行冷却,也可以作为一种原位反应制备金属基复合材料的方法。快速凝固过程可以通过惰性气体的压力雾化、平面流动铸造以及溅射冷凝等方法实现。快速凝固过程可以降低材料的偏析,获得成分均匀的材料,产物为粉、带、箔等,可以获得高达 $10^2 \sim 10^9 K/s$ 的冷却速度。

由于快速凝固工艺的冷却速度较高,使材料的组织结构与平衡组织有较大差异,可以较为明显地提高多种元素在合金中的固溶度,这样通过适当的后续处理工艺,可以灵活地调整材料的组分,控制第二相颗粒的尺寸、分布、形态,充分利用亚稳态组织的性能特点。例如,有研究将 B 元素加入 TC4 合金中通过快速凝固处理得到过饱和固溶体,制备出的 TiB 具有较高的长径比、较小的直径和均匀的弥散,使材料的硬度和弹性模量有较大提高。然而快速凝固由于其凝固速度过快，会导致试样中的组织不均匀化程度加重；而且不能直接得到块体材料，在后期处理工艺中很难继续保持其偏离平衡态的组织；加工成本也较高，这限制了快速凝固法的发展。

2.3.7　SPS 法

前已述及，SPS 技术是近年来新材料研发与制备领域备受瞩目的新型粉末冶金方法，已经成为世界各国快速烧结技术的主流发展方向。和普通粉末冶金技术相比，SPS 技术具有以下显著优势：首先，SPS 采用先进的直流脉冲电源，供给粉体可控开关直流脉冲电流，通过粉体的自身电阻进行加热；同时电流通过盛放粉体的模具产生焦耳热，实现了粉体材料的内部发热与外部加热相结合，此举突破了传统的辐射加热方式，使烧结体的升温速率和降温速率均大幅度提高，从而极大地缩短了烧结时间，实现了粉末材料的快速烧结与成型。其次，在放电等离子烧结过程中，直流脉冲电流会使烧结粉体颗粒之间产生放电效应。这种放电效应可以导致高能等离子体对粉体颗粒的撞击和物质的蒸发，从而起到对烧结粉体的净化和活化作用。因此，SPS 技术可以有效改善粉体颗粒的烧结活性，降低粉体颗粒的扩散自由能，并最终提高粉体材料的烧结效率。这就使得通过低温高压快速烧结工艺制备高性能新材料成为可能。另外，利用 SPS 技术能够快速升降温的优势，可以有效控制粉末材料烧结过程的反应历程，避免一些不必要的化学反应发生；同时可以抑制晶须的径向生长以及相互之间的团聚，有利于烧结制品力学性能的提高。因此，SPS 技术特别适合于制备晶须增强金属基复合材料。而且，SPS 采用了先进的比例微积分控制系统（PID 温度控制器），可以存储 8～12 个烧结模式。在进行编程控制时，基于预先设定的时间与温度的对应关系，系统会根据 PID 内部条件的设定供给烧结粉体能量，并可依据热电偶或红外测温仪反馈过来的实际烧结温度，自动控制能量供给的比例，以保持均匀和稳定的烧结。此举实现了粉体材料的自动升温、烧结、保温等一系列工序，大幅度提高了烧结过程的控制精度，并降低了操作者的工作强度。

综上所述，和其他制备方法相比较，利用 SPS 技术制备 TiB 晶须增强钛基复合材料，其制备成本较低，生产效率较高，非常适合于未来大长径比 TiB 晶须增强钛基复合材料的大规模工业化生产。目前，日本已研制出了压力达 600t，脉冲电流为25000～40000A 的第五代大型 SPS 装置以及集自动装料、预热成型、最终烧结为一体的隧道型 SPS 连续生产设备，这就使得通过粉末冶金技术快速制备高性能钛基复合材料成为可能。

2.4 钛基复合材料的静态力学性能

与常规制备方法相比,原位反应制备的颗粒增强复合材料最大的优势在于其增强相与基体之间的界面干净整洁,而且增强体尺寸规则,分布均匀,这使得原位自生钛基复合材料具有更为优异的综合力学性能。

2.4.1 拉伸性能

表2.2为原位反应生成Ti基复合材料的拉伸力学性能。表明增强相的加入能够显著提高复合材料的抗拉强度,但复合材料的塑性(延伸率)普遍降低。增强相的含量、尺寸、分布状态、对基体组织的影响、固溶强化效果等因素都会对复合材料的力学性能产生显著影响[20, 21]。此外,复合材料的力学性能与基体的性质也密切相关。

表2.2 原位自生颗粒增强Ti基复合材料的拉伸力学性能

材料	增强相含量 /Vol%	制备方法	抗拉强度 /MPa	屈服强度 /MPa	弹性模量 /GPa	延伸率/%
Ti	0	熔炼	474	367	108	8.3
TiC/Ti	37	—	573	444	140	1.9
TiC/Ti	40~50	感应熔炼	1113	—		1.2
TiB + TiC/Ti	15	CAS	757	690	137	2.0
TC₄(Ti - 6Al - 4V)	0	热压	950	868	—	9.4
TiC/TC₄	10	热压	999	944	—	2.0
TiC/TC₄	10	—	799	792	—	1.1
TiC/TC₄	20	—	959	943	139	0.3
TC₄	0	IM	1000	923	110	10
TiB/TC₄	3.1	IM	1076	986	124	10
TC₄	0	PSP	986	930	110	11
TiB/TC₄	3.1	PSP	1107	1000	121	7
TC₄	0	热压	890	—	120	—
TiB + TiC /TC₄	35~40	热压	1055	—	205	
TiB + Ti₂C/Ti	15	CAS	757	690	—	2
TiB + Ti₂C/Ti	25	CAS	680	635	—	0.2
TiB + Ti₂C/Ti	22.5	热压	635	471	—	2

可以发现,相同的体积分数下,TiB 晶须的强化效应比 TiC 颗粒要好,这主要是由于增强相的形态所影响的。一般来说,增强相的长径比越高,复合材料的力学性能就会越好。Lloyd[22]发现颗粒尺寸越小,相同的颗粒体积含量下会具有较高的屈服应力。Yan 等[23, 24]发现,增强相的平均粒径不同,其微结构也会发生变化,进而影响复合材料的力学性能。韩国的 Koo 等通过实验制备了具有不同长径比的 TiB 晶须增强钛基复合材料,建立了 TiB 晶须长径比与其增强效率之间的关系模型,如图 2.6 所示。显而易见,TiB 晶须对复合材料的增强效率与其长径比密切相关:TiB 晶须的长径比越大,其增强效率越高,反之亦然。Imayev 等[25]的研究成果也证实了这一点。

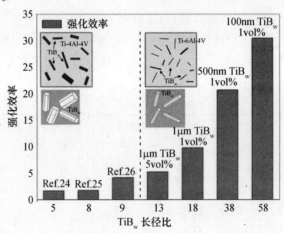

图 2.6　TiB 晶须长径比与其强化效率之间的关系

2.4.2　压缩性能

颗粒增强复合材料的压缩性能受颗粒含量的影响最大。颗粒含量的提高会使复合材料的塑性降低,强度提高。在室温压缩环境下,增强颗粒的存在可以显著提高复合材料的压缩强度,而且增强颗粒的尺寸对压缩强度的影响也较大。而在较高温度下,复合材料的压缩强度主要由基体强度来决定。

颗粒增强复合材料在拉伸性能和压缩性能上总是表现出不一致的现象。很多研究表明,复合材料的这种拉压不一致的现象普遍存在,并且与增强体的尺寸和界面结合情况都有关系。在压缩状态下,复合材料的应变硬化和屈服应力较拉伸状态下要高,这与颗粒增强复合材料内部的颗粒与基体间界面的破坏以及热残余应力等因素有关。

由于金属的热膨胀系数一般高于增强相,则颗粒增强复合材料在经过一系列热加工工艺处理之后，颗粒会出现三轴受压条件，而周围的基体会受拉应力作用。在拉伸载荷加载作用下会出现大量垂直于载荷方向的颗粒/基体界面，这时界面结合强度决定了材料的应变硬化和屈服应力。当材料中出现团聚和孔洞时，拉伸强度受到更大的影响。而在压应力的作用下，这些影响则并不明显。

2.5　钛基复合材料的动态力学性能

金属基复合材料在准静态加载条件下的力学行为得到了非常广泛的研究，但在实际应用中材料经常需要承受冲击载荷，所以对材料在动态加载条件下力学行为的研究也非常重要。钛基复合材料不仅具有与钛合金相似的动态力学响应行为，而且由于在动态加载过程中陶瓷增强相的拔出和断裂吸收了大量的动能，使得复合材料的性能优于金属基体。冲击载荷下金属基复合材料内部的增强体会出现振动，并首先破裂，这消耗了大量的动能，而且在侵彻条件下，弹体在运动过程中陶瓷颗粒会增加额外的阻力，并出现摩擦作用，所以颗粒增强金属基复合材料具有优异的抗冲击和抗侵彻性能。而陶瓷/金属装甲可以进一步设计为梯度功能装甲的形式，将陶瓷和金属按不同比例向面板向背板进行过渡，可以解决传统复合装甲的材料界面离散、阻抗变化等缺陷，具有较高的研究价值。

2.5.1　复合材料动态力学性能研究方法和进展

按照各种测试手段的加载水平和试样的响应，可以将应变率分为 5 个范围：蠕变（应变率范围小于 $10^{-5}\mathrm{s}^{-1}$）、准静态（应变率范围 $10^{-4} \sim 10^{-1}\mathrm{s}^{-1}$）、中应变率（应变率范围 $10^{-1} \sim 10\mathrm{s}^{-1}$）、高应变率（应变率范围 $10^{2} \sim 10^{4}\mathrm{s}^{-1}$）、极高应变率（应变率范围大于或等于 $10^{5}\mathrm{s}^{-1}$）。各个应变率范围内都有对应的测试手段，如表 2.3 所示。

表 2.3　不同应变率范围对应的测试手段

测试手段	材料试验机	液压伺服机构	凸轮塑性计和落锤	分离式霍普金森杆	Taylor撞击试验	气体炮
测试应变率范围/s	<0.1	0.1 ~ 100	0.1 ~ 500	200 ~ 10^4	10^4 ~ 10^5	10^4 ~ 10^6

目前，用分离式 Hopkinson 压杆装置（split hopkinson pressure bar，SHPB）装置可以容易地测试高应变率下材料的压缩应力和应变。霍普金森杆实验由 Hopkinson 于 1914 年提出，他利用长弹性杆研究弹丸撞击或者炸药爆轰产生的应力时间关系，在弹性杆远端贴放短杆，利用弹道摆测量短杆吸收的动量，确定压杆中的压

力脉冲。此后由 Davies 和 Kolsky 引入了分离式压杆技术，现代 SHPB 装置已经采用应变片来测量应力和应变。

分离式 Hopkinson 压杆装置是利用一维应力波加载技术实现材料的动态压缩变形，其装置结构如图 2.7 所示。Hopkinson 压杆装置被广泛地用来研究应变率 $\dot{\varepsilon}$ 在 $10^2 \sim 10^4 \mathrm{s}^{-1}$ 范围内材料的应力和应变关系。它利用应力波实现高速加载。实验时将试样置于两根波导杆之间，让撞击杆同心撞击波导杆，通过测量波导杆上的应变即可按一维应力波理论确定试样内的平均应力 σ、应变 ε 和应变率 $\dot{\varepsilon}$。

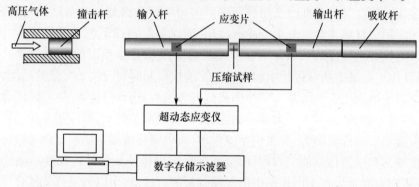

图 2.7 Hopkinson 压杆示意图

Hopkinson 压杆试验有 3 个条件，即假定杆和试样中的应力都是一维的；假定试样中的应力、应变都是均匀的并忽略试样和杆子断面间的摩擦效应。Hopkinson 压杆系统的测试精度主要取决于以上 3 个条件的满足程度。

基于以上假定，根据一维弹性波理论，试样的平均应变 ε，平均应变率 $\dot{\varepsilon}$ 和平均应力 σ 的基本计算公式如下：

$$\varepsilon(t) = \frac{2C_0}{l_0} \int_0^t [\varepsilon_i(t) - \varepsilon_t(t)] \mathrm{d}t \tag{2.16}$$

$$\dot{\varepsilon} = \frac{2c_0}{l_0} [\varepsilon_i(t) - \varepsilon_t(t)] \tag{2.17}$$

$$\sigma(t) = E\left(\frac{A}{A_0}\right) \varepsilon_t(t) \tag{2.18}$$

式中：C_0 和 E 分别为波导杆中的弹性波速和杨氏模量；A 和 A_0 分别为波导杆与试样的横截面积；l_0 为试样的长度；ε_i 和 ε_t 分别为利用应变片测得的输入杆和输出杆上的应变。

Harding 等对 SiC 晶须增强铝基复合材料进行不同应变率条件下的拉伸性能的研究，结果表明，在 $10^{-3} \sim 10^3 \mathrm{s}^{-1}$ 应变率范围内，材料强度对应变率不敏感；而 Marchad 在 Hopkinson 扭杆研究中发现材料的剪切性能在 $10^{-3} \sim 10^3 \mathrm{s}^{-1}$ 应变率范

82

围内对应变率也不敏感。Li 等的研究结果显示，A359/SiC 和 6061 – T6Al/Al₂O₃两种复合材料的流动应力比其基体都要高，而断裂应变降低。Guden 研究了具有 3 种不同形态的增强颗粒复合材料在不同应变率下的失效行为，认为晶须增强复合材料的流动应力对应变率不敏感，并且认为这与界面脱黏和晶须的断裂有关。Regazzoni 等认为在高应变率下，复合材料的强度与应变率比值接近常数。San 的研究表明，随着颗粒尺寸的减小，复合材料的强度增加，应变率敏感性也会降低。由于复合材料的动态响应受材料制备工艺、界面结合强度、颗粒尺寸、分布状态等因素的综合影响，因此材料动态力学性能的变化规律较为复杂，有待进一步的研究。

2.5.2 复合材料的应变率敏感性

颗粒增强复合材料的应变率敏感性与基体材料的应变率敏感性有关，也受到颗粒与基体间相互作用的影响。很多研究认为，复合材料应变率敏感性的差异主要与基体中的位错运动有关；在动态加载条件下，位错密度要大于准静态加载条件下的位错密度，陶瓷颗粒和基体之间应变的不匹配性会使基体内的平均应变率比整体的要大，这会导致复合材料的应变率敏感性高于基体。

目前对应变率敏感性参数还没有统一的标准。根据不同的需要，常见的颗粒增强金属基复合材料的应变率敏感性参数有以下几种：

（1）应变率大于 $10^3 s^{-1}$ 时金属材料以位错拖曳机制为主导，动态应力与应变率呈线性关系，即

$$\sigma(\dot{\varepsilon}) = \sigma_0 + n\dot{\varepsilon} \tag{2.19}$$

式中：$\sigma(\dot{\varepsilon})$ 为流动应力；σ_0 为准静态加载下的流动应力；$\dot{\varepsilon}$ 为应变率；n 为应变率敏感参数。

（2）根据金属热激活理论：

$$\sigma(\dot{\varepsilon}) = \sigma_0 + \sigma_1 \lg(\dot{\varepsilon}) \tag{2.20}$$

式中：σ_1 为应变率敏感参数。

（3）应变率指数模型：

$$R_s = \ln\sigma(\dot{\varepsilon})/\ln\dot{\varepsilon} \tag{2.21}$$

式中：R_s 为应变率敏感参数。

（4）以动态加载下流变应力与准静态加载下应力的增量来表现材料的应变率敏感性，即

$$R_s = (\sigma_d - \sigma_q)/\sigma_q \tag{2.22}$$

式中：σ_d 和 σ_q 分别为动态和准静态流动应力。

参考文献

[1] 朱知寿,王新南,商国强,等. 新型高性能钛合金研究与应用[J]. 航空材料学报, 2016, 36(3): 7 - 12.

[2] 何丹琪,石颢. 钛合金在航空航天领域中的应用探讨[J]. 中国高新技术企业, 2016, 18: 50 - 51.

[3] 朱艳, 杨延清. SiC/Ti 基复合材料界面反应的研究现状及发展趋势[J]. 稀有金属快报, 2003, 10: 4 - 7.

[4] Zhang Z H, Shen X B, Wen S, et al. In situ reaction synthesis of Ti - TiB composites containing high volume fraction of TiB by spark plasma sintering process [J]. Journal of Alloys and Compounds. 2010, 503(1): 145 - 150.

[5] Lu W J, Xiao L, Geng K. Growth mechanism of in situ synthesized TiBw in titanium matrix composites prepared by common casting technique[J]. Materials Characterization, 2007, 59(7), 912 - 919.

[6] Zhang X H, Xu Q, Hart J C, et al. Self - propagating high temperature combustion synthesis of TiB/Ti composites[J]. Materials Science and Engineering A, 2003, 348: 41 - 46.

[7] Dybko V I. Reaction diffusion in heterogeneous binary systems: part1. Growth of the chemical compound layers at the interface between two elementary substances: one compound layer [J]. Journal of Materials Science, 1986, 21(9): 3078 - 3084.

[8] Fan Z, Guo Z X, Cantor B. The kinetics and mechanism of interfacial reaction in sigma fibre - reinforced Ti MMCs[J]. Composites Part A, 1997, 28(2): 131 - 140.

[9] Fan Z, Niu H J, Miodownik A P, et al. Microstructure and mechanical properties of in situ Ti/TiB MMCs produced by a blended elemental powder metallurgy method[J]. Key Engineering Materials, 1997, 127(1): 423 - 430.

[10] Ranganath S, Vijayakumar M, Subrahmanyan J. Combustion - assisted synthesis of Ti - TiB - TiC composite via the casting routeOriginal Research Article[J]. Materials Science and Engineering A, 1992, 149(2): 253 - 257.

[11] Feng T, Satoshi E, Masuo H. Reinforcing effect of in situ grown TiB fibers on Ti - 22Al - 11Nb - 4Mo alloy [J]. Scripta materialia, 2000, 43(6): 573 - 578.

[12] Lu W J, Zhang D, Zhang X, et al. Microstructural characterization of TiB in in situ synthesized titanium matrix composites prepared by common casting technique[J]. Journal of alloys and compounds, 2001, 327(1): 240 - 247.

[13] De G M, Löfvander J P A, Levi C G. The structure of complex monoborides in γ - TiAl alloys with Ta and B additions[J]. Acta metallurgica et materialia, 1991, 39(10): 2381 - 2391.

[14] Feng H B, Zhou Y, Jia D C, et al. Stacking faults formation mechanism of in situ synthesized TiB whiskers [J]. Scripta materialia, 2006, 55(8): 667 - 670.

[15] Zhang X N, Lu W J, ZhangD. In situ technique for synthesizing (TiC + TiB/Ti) composites[J]. Scripta Materialia, 1999, 41(1): 39 - 46.

[16] Soboyejo W O, Lederich R J, Sastry S M L. Mechanical behavior of damage tolerant TiB whisker - reinforced in situ titanium matrix composites[J]. Acta metallurgica et materialia, 1994, 42(8): 2579 - 2591.

[17] Taranenko V I, Zarutskii I V, Shapoval V I, et al. Mechanism of the cathode process in the electrochemical synthesis of TiB_2 in molten salts - II. Chloride - Fluoride electrolytes[J]. Electrochimica Acta, 1992, 37

(2): 263 – 268.

[18] Jiang J Q, Lim T S, Kim Y J. In Situ formation of TiC – (Ti – 6Al – 4V) composites[J]. Journal of Materials Science & Technology, 1996, 12(4): 362 – 365.

[19] Fan Z, Niu H J, Cantor B, et al. Effect of Cl on microstructure and mechanical properties of in situ Ti/TiB MMCs produced by a blended elemental powder metallurgy method[J]. Journal of Microscopy, 1997, 185 (2): 157 – 167.

[20] Luo Y M, Pai W, L S Q, et al. A novel functionally graded material in the Ti – Si – C system[J]. Materials Science and Engineering: A, 2003, 345(1): 99 – 105.

[21] Zee R, Yang C, Lin Y, et al. Effects of boron and heat treatment on structure of dual – phase Ti – TiC[J]. Journal of materials science, 1991, 26(14): 3853 – 3861.

[22] Lloyd D J. Particle reinforced aluminium and magnesium matrix composites[J]. International Materials Reviews, 1994, 39(1): 1 – 23.

[23] Yan Y W, Geng L, Li A B. Experimental and numerical studies of the effect of particle size on the deformation behavior of the metal matrix composites [J]. Materials Science and Engineering: A, 2007, 448 (1): 315 – 325.

[24] Dai L H, Liu L F, Bai Y L. Effect of particle size on the formation of adiabatic shear band in particle reinforced metal matrix composites[J]. Materials Letters, 2004, 58(11): 1773 – 1776.

[25] Imayev V, Gaisin R, Gaisina E, et al. Effect of hot forging on microstructure and tensile properties of Ti – TiB based composites produced by casting[J]. Materials Science and Engineering A, 2014. 609: 34 – 41.

第3章　放电等离子烧结 TiB/Ti 复合材料关键控制因素及致密化机理

放电等离子烧结技术具有升温速度快、烧结时间短、能耗低等特点,可在相对低的烧结温度条件下获得高致密度、高性能的块体材料。在设计烧结制备原位自生钛基复合材料的实验中,由于烧结时间较短,压坯的致密化过程及 TiB 的生成长大过程都是非常值得注意的。材料的烧结致密化是一个复杂的过程,复合材料的成分、烧结温度、保温时间、烧结压力、升温速率等因素都有可能影响原位反应复合材料的致密度、组织结构和增强相形态,从而影响到材料的力学性能。本章通过不同的 SPS 工艺制备 TiB 增强钛基复合材料,对 SPS 过程中的复合材料收缩过程以及 TiB 晶须的生长过程进行分析,并对其组织形貌和性能特点进行对比,深入研究 SPS 制备 TiB/Ti 复合材料关键控制因素及致密化机理。

3.1　TiB/Ti 复合材料制备工艺

本试验采用商业级 Ti 粉末作为基体,形状为不规则多边形,平均颗粒直径约为 $40\mu m$,纯度大于 99% ,颗粒形态如图 3.1(a)所示。TiB_2 粉末形状为多边形,平均颗粒直径为约 $5\mu m$,纯度大于 99.5% ,如图 3.1(b)所示。

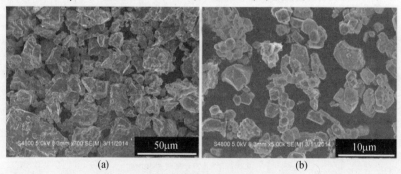

图 3.1　原始粉末颗粒的 SEM 形貌
(a)Ti 颗粒;(b)TiB_2 颗粒。

3.1.1　球磨

球磨的主要作用是使 Ti 粉末和 TiB$_2$ 粉末均匀混合。粉末的球磨工艺如下：首先将 Ti 粉末与 TiB$_2$ 粉末按既定的比例配制好后，置于直径为 115mm 的聚四氟乙烯球磨罐中，加入直径为 20mm 的玛瑙磨球，球料比为 4∶1，采用 SM - QB 行星式高能球磨机对混合粉体进行机械化混合，球磨机转速为 400r/min，混粉时间为 45min。球磨完成后放入旋转蒸发仪进行真空干燥处理。其次将混合粉放入温度为 120℃ 的电热恒温鼓风干燥箱中进行干燥，干燥时间为 48h

3.1.2　模具材料及结构

考虑到石墨材料的优良耐热性和价格适中性，试验过程中模具材料选用北京市三业碳素公司提供的优质热压用石墨材料，其牌号为 GTTKG347，抗压强度为 80MPa。其模具结构如图 3.2 所示。

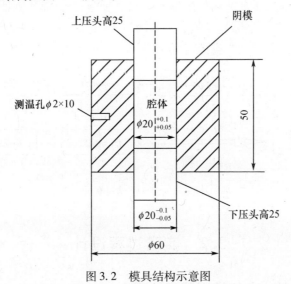

图 3.2　模具结构示意图

在试验过程中，为保证烧结粉末与上下压头及阴模内腔不发生黏结，一般需要在压头侧面及与粉体相接触的端面包覆石墨纸；烧结温度通过插入到测温孔的热电偶进行测试，测温孔越深，温度测试越准确，但模具的强度将降低，一般选择测温孔的深度为阴模壁厚的 1/2 即可。

3.1.3　SPS 致密化过程

将球磨后的复合粉末装入石墨模具，使用 SPS - 3.20 - MV 放电等离子烧结系统(图3.3)中烧结制备复合材料。脉冲电流通断比为12:2;脉冲电流周期约为3.3 ms。

图 3.3　SPS – 3.20 – MV 烧结系统

烧结过程中通过手动或程序控制电流和电压参数,进而达到控制烧结温度、升温速率及保温时间的目的;烧结压力一般通过手动的方式施加;烧结腔内的真空度主要通过烧结开始前预抽真空的时间来控制。图 3.4 所示为 SPS 的烧结过程。

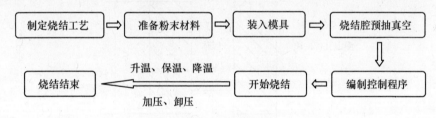

图 3.4　SPS 烧结过程

3.2　实验过程设计

3.2.1　烧结中关键控制因素的确定

为了得到高性能的 TiB/Ti 复合材料,必须对放电等离子烧结过程中的关键控制因素进行设计,这样可以最大限度地发挥放电等离子烧结的优势,制备出满足使用要求的 TiB/Ti 复合材料产品。

而工艺参数的设计与烧结体的致密度以及微观组织的关系密切。通过前期实验得到的结果表明,烧结温度(T)、初始压力(P_1)、烧结压力(P_2)、升温速率(v)和保温时间(Δt)是 SPS 法制备 TiB/Ti 复合材料的 5 个主要工艺参数。

烧结温度是烧结过程中最重要的控制因素。烧结温度越高,就越容易得到致密的产品。然而较高的烧结温度会导致晶粒粗化,使产品的力学性能降低,而在采用 SPS 技术制备 TiB/Ti 复合材料的过程中还要考虑原位反应过程以及增强相生长的形态,这对烧结温度的控制有着较高的要求。

Ti – B 体系主要发生的化学反应有

$$Ti + B \rightarrow TiB_2 \tag{3.1}$$

$$Ti + TiB_2 \rightarrow 2TiB \tag{3.2}$$

根据 Ti – B 二元体系的反应生成焓和吉布斯自由能,在钛过量的情况下,二硼化钛可以与钛反应生成一硼化钛。图 3.5 是 TiB_2/Ti 复合粉体的 DSC 曲线与 Ti 粉体的 DSC 曲线对比,从曲线中可以看出,在 300℃左右时 Ti 出现了吸热峰,在温度升高到 600℃以上后,与 Ti 粉的曲线相比,复合粉体的曲线出现了放热峰,在 800℃之前达到最大放热峰值;之后在 1050℃左右复合粉体的曲线出现了吸热现象,这与原位反应生成的 TiB 的形态变化有关。可以确定反应温度在 600℃以上。考虑到原位反应的进行需要一定的时间,确定烧结的最低温度为 650℃。

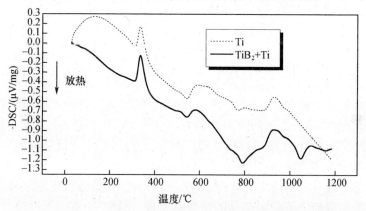

图 3.5　Ti 粉与 TiB_2/Ti 复合粉体的 DSC 曲线(升温速度:30℃/min)

图 3.6 是不同烧结温度下 10% TiB/Ti 复合材料的 XRD 衍射分析图谱。结果显示,在烧结温度为 850℃以上才有微弱的 TiB 峰出现,而且与 TiB_2 峰并存,说明此时原位反应已经开始进行,但并未反应完全。而 950℃和 1050℃为烧结得到的复合材料中 TiB 峰强度差别不大,TiB_2 峰都已经消失,说明反应已经进行彻底,TiB_2 全部反应生成 TiB。可以推断,850℃时反应产物 TiB 已经大量出现,则反应开始的温度低于 850℃,而 950℃时反应已经开始快速进行。由于 TiB 的设计体积分数仅为 10%,并且原位生成的 TiB 晶粒尺寸较小,导致其衍射峰的强度相对较低,因此需要通过 SEM 和 TEM 观察来进一步研究不同烧结温度下 SPS 烧结复合材料

中原位生成 TiB 的形貌和尺寸特征。所以,控制烧结温度在 650 ~ 1050℃。

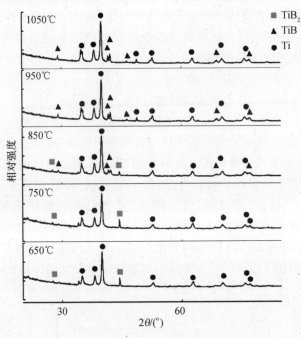

图 3.6　不同烧结温度下复合材料的 XRD 图谱

　　烧结压力对烧结产品的致密度有非常重要的影响。在粉末烧结过程中,烧结压力越大,烧结产品致密化的效果也越好。SPS - 3.20 烧结系统提供的最大载荷为 200kN,但考虑到石墨模具材料的承压能力,烧结过程中对烧结体施加的烧结压力统一为 50MPa,即轴向载荷不超过 15kN。

　　而烧结开始时的初始压力对烧结过程的影响主要是致密化速度和排气过程,同样这两个因素都会影响到产品的最终致密度。SPS - 3.20 - MV 型放电等离子烧结系统的最低初始压力一般设定为 1.5kN,实验采用的石墨模具内径为 20mm,对于这个规格的压坯,施加的最低初始压强约为 5MPa。初始压力不能超过最大压力 50MPa。

　　升温速率和保温时间:考虑到放电等离子烧结方式的低温快速的工艺特点,烧结过程中的升温和保温时间之和控制在 30 min 以内。在这个范围内,考虑到设备的承受能力,升温速率不低于 50℃/min,而不高于 300℃/min;保温时间不超过 20min。

3.2.2　试验过程设计

　　根据上述的分析和前期试验结果,进行以下试验设计。

1. 烧结温度系列试验

烧结温度 T 分别设定为 650℃、750℃、850℃、950℃ 和 1050℃，其余烧结工艺参数在系列试验中保持不变，分别为：初始压力 $P_1 = 5\text{MPa}$，烧结压力 $P_2 = 50\text{MPa}$，升温速率 $v = 100℃/\text{min}$，保温时间 $\Delta t = 5\text{min}$。

2. 初始压力系列试验

初始压力 P_1 分别设定为 5MPa、20MPa 和 50MPa。其余烧结工艺参数在系列试验中保持不变，分别为：烧结温度 $T = 950℃$，烧结压力 $P_2 = 50\text{MPa}$，升温速率 $v = 100℃/\text{min}$，保温时间 $\Delta t = 5\text{min}$。

3. 升温速率系列试验

升温速率 v 分别设定为 50℃/min、100℃/min、150℃/min、200℃/min 和 300℃/min。其余烧结工艺参数在系列试验中保持不变，分别为：烧结温度 $T = 950℃$，初始压力 $P_1 = 5\text{MPa}$，烧结压力 $P_2 = 50\text{MPa}$，保温时间 $\Delta t = 5\text{min}$。

4. 保温时间系列试验

保温时间 Δt 分别设定为 0min、5min、10min、15min 和 20min。其余烧结工艺参数在系列试验中保持不变，分别为：烧结温度 $T = 950℃$，初始压力 $P_1 = 5\text{MPa}$，烧结压力 $P_2 = 50\text{MPa}$，升温速率 $v = 100℃/\text{min}$。

3.3 烧结温度对 TiB/Ti 复合材料相对密度和微观组织的影响规律

3.3.1 烧结温度对 TiB/Ti 复合材料相对密度的影响

图 3.7 是复合材料的相对密度随烧结温度的变化规律曲线。如图所示，TiB/Ti 复合材料的相对密度随着烧结温度的升高而逐渐增大，在 650~1050℃ 范围内，相对密度由 84.1% 提高到 99.3%。材料的致密度在 650~750℃ 范围内快速增长；在烧结温度高为 750℃ 时，复合材料的相对密度已经很高(97% 以上)，虽然 XRD 分析结果显示此时原位反应并未进行完全，但复合材料可以视为 TiB_2 和 TiB 联合增强 Ti 的复合材料。其后随着烧结温度的升高，材料相对密度缓慢增加。试样的烧结温度在由 650℃ 提高到 750℃ 后相对密度提高了 15.8%，而之后烧结温度每升高 100℃，复合材料的相对密度的增长率都低于 1.4%。这说明，复合材料的快速致密化阶段是在 750℃ 之前。下面从 SPS 过程的特征曲线来分析烧结体相对密度随烧结温度的变化规律。

SPS 曲线可以准确地反映烧结体的烧结致密化过程。SPS 制备 Ti 基复合材料的完整致密化过程中存在 4 个快速收缩阶段，每个快速收缩阶段的收缩原因是各

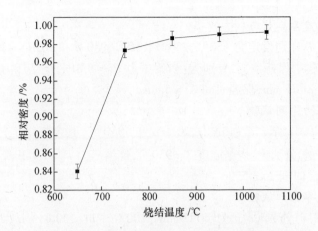

图 3.7 材料的致密度随烧结温度的变化规律曲线

不同的。如图 3.8 所示,以烧结温度为 1050℃,升温速率为 100℃/min 时的位移率—系统电阻(电流/电压值)—时间曲线为例,压坯的快速收缩出现了 4 个峰值,分别为 0.01455mm/s,0.04043mm/s,0.03467mm/s,0.06416mm/s,对应的峰值温度分别是约 330℃,580℃,753℃ 及 1050℃。

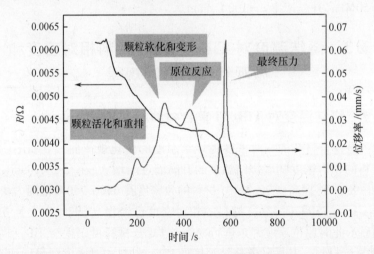

图 3.8 烧结温度为 1050℃时的时间—压头位移率—系统电阻(电压/电流)曲线

在初始压力的作用下,当烧结时间到达 180s,即烧结温度为 300℃ 左右时,压头位移量很小,位移率缓慢上升。随后烧结温度的继续升高,压坯在压力没有增加的情况下收缩速度加快,在 200s 时出现第一个位移率为 0.01465mm/s 的收缩峰值,根据 100℃/min 的升温速度计算,此时温度大约为 330℃。此时的系统电阻也有一个急剧下降的趋势,这与混合粉末的 DSC 测试结果相对应,在快速收缩的同

92

时伴随着烧结炉内真空度的下降,吸附在粉体颗粒表面的气体大量排出,颗粒表面的水分也在蒸发。之后在温度持续升高的作用下,压坯在 315s 和 435s 时又出现两个位移速率较大的位移峰值,此时的温度分别为 580℃ 和 753℃。之后位移速率迅速下降,直至施加烧结压力之前,位移速率已经降低至 0.005mm/s 左右。这个过程中,系统的电阻值开始时下降较快,而位移率到达峰值之后的一段时间,系统电阻值一直保持相对缓慢的下降趋势,说明位移的快速变化阶段结束。这种下降的趋势是压坯收缩和温度升高导致的,而且在此过程中检测到腔体的真空度快速上升。在到达烧结温度 1050℃ 时,将压力迅速增大到 50MPa,压坯产生大幅度收缩,可以看到位移率曲线产生了一个较之前峰明显增高的尖峰。在保温阶段,压坯体积保持不变,说明烧结已经结束。整个烧结周期为 660s。

这 4 个快速收缩阶段可以总结为以下几点。

(1)颗粒的活化和重排阶段。此阶段内,由于初始压力和脉冲电流的作用,使得颗粒粉末间产生直流脉冲电压,导致部分相邻颗粒间出现放电效应,这种效应产生了一些 SPS 过程所特有的有利于烧结的现象:首先,由于脉冲放电产生的放电冲击波以及电子、离子在电场中反方向的高速流动,可使粉末吸附的气体逸散,Ti 粉体表面的氧化膜在一定程度上被击穿,使粉末得以净化、活化;其次,由于脉冲电流是瞬间、断续、高频率发生的,在粉末颗粒未接触部位产生的放电热以及粉末颗粒接触部位产生的焦耳热,都大大促进了粉末颗粒原子的扩散,使得材料的扩散系数比通常热压等传统工艺条件下的要大得多,从而实现了粉末烧结的快速化;再次,快速脉冲电流的施加,使粉末内的放电部位及焦耳发热部位都会快速移动,从而使得粉末的烧结能够均匀化。在此阶段中,粉体活性增加,与此同时伴随着气体的排出过程。此阶段的烧结温度大约在 300℃。

(2)Ti 颗粒的软化和变形阶段。由于放电效应的持续和电流的集肤效应,此阶段内大多数 Ti 粉体颗粒已经软化,但仍然没有达到原位反应温度。由于 TiB_2 虽然硬度很高,但被已经软化的 Ti 粉体颗粒所包围,使得复合材料的致密度进一步升高。此阶段的烧结温度约为 580℃。

(3)原位反应进行阶段。750℃ 时,已经有初生的微小 TiB 产物生成,说明在此温度下反应已经激活,此时 TiB_2 颗粒活性提高,颗粒之间的更加易于融合是致密度快速上升的主要原因,这将在下一节微观组织形貌的观察中进行分析。

(4)快速塑性变形致密化阶段。烧结压力是材料致密化最主要的影响因素,最终在施加烧结压力之后,压坯的相对密度上升最为明显。颗粒在压力的作用下迅速变形并致密,此时系统的电阻迅速变小,电流也从先前的以通过石墨模具为主转变为以通过压坯为主。电流的增加,使得颗粒间的焦耳热效应更加明显,烧结颈迅速生成和长大,从而实现了复合材料的快速致密化。

为了便于对压坯收缩速度的变化进行研究,我们将升温过程在400℃和650℃时终止,并对试样的断口形貌进行分析。图3.9是在不同烧结温度下得到的压坯断口形貌。由于脉冲电流的作用,在SPS烧结初期粉体颗粒接触表面存在活化现象,这是SPS烧结特有的工艺优点。在400℃的断口可以看到,颗粒之间还存在较大的空隙,但可以清楚观察到颗粒表面有明显的由放电造成的表面融化的痕迹,而且部分颗粒由于放电不均匀已经出现了黏合的现象。在650℃时可以看到颗粒密度明显增高,颗粒之间贴合紧密,存在较少的孔洞,说明此时致密度已经非常高。同时可以看到明显的TiB$_2$小颗粒嵌在Ti颗粒上,而且有TiB$_2$颗粒剥落留下的相应大小的凹坑,这可以确定Ti颗粒已经明显软化。

(a)　　　　　　　　　　　　　　　　　　(b)

图3.9　不同烧结温度下制备得到的复合材料断口形貌

(a) 400℃;(b) 650℃。

　　粉末有自动黏结或者成团的倾向,若粉末粒径极细,这种倾向则更加明显。从热力学角度看,粉末晶体贮存着较高的晶格畸变能和表面能,而且粉末颗粒具有极高的表面积,所以相比块状材料具有较高的活性[1]。随着温度的升高,粉体的活性也相应提高,当烧结温度提高到300℃时,少部分接触的粉体颗粒之间已经产生了黏结,粉体内部的能量由于温度的升高而更容易释放出来,粉体颗粒间存在着自动重排以扩大接触面积的趋势,从而使收缩速率在一段时间内迅速提高。随后随着烧结温度继续升高,钛颗粒软化,颗粒更易于重新排列而更加致密,而硬度较高的TiB$_2$在外加压力的作用下嵌入到Ti颗粒内部。炉体真空度的降低标志着粉体中的气体和水蒸气的大量排出,使压坯的收缩速率在580℃时出现峰值。由图3.6不同烧结温度下的XRD测试结果分析可知,材料的反应温度在850℃以下,则有可能在750℃左右时已经开始反应,只是由于反应程度较低而检测不到TiB的存在。所以753℃时的位移速率峰值可能与材料中的原位反应有关。之后在对材料的微观组织的分析中将会对此进行详细讨论。

　　图3.10和图3.11是不同烧结温度下的烧结过程曲线,左侧为时间—温度—

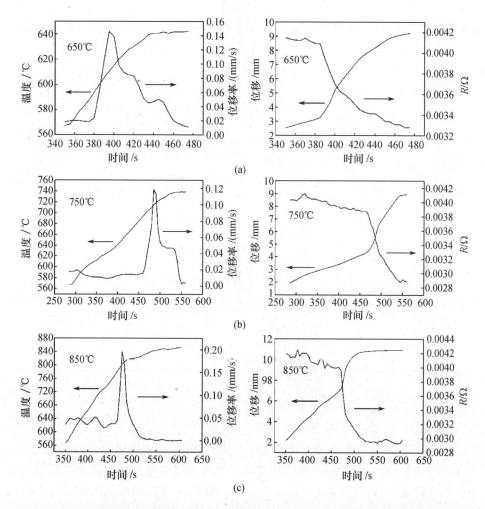

图 3.10　不同烧结温度的时间—温度—位移率曲线(左)和时间—位移—电阻曲线(右)
(a)650℃;(b)750℃;(c)850℃。

位移率曲线,右侧为时间—位移—电阻曲线。由于在 570℃ 之前的烧结曲线中位移及电阻与时间的变化趋势稳定且大致相同,都是在 180s 左右的时间段出现一个位移率的峰值,所以只取 570℃ 之后的数据进行分析。图中位移和电阻与时间趋势线的变化最明显的部分都是在施加烧结压力后的一段时间,这段时间内位移率急速上升,而相应系统的电阻随时间的下降趋势更加明显。由于所有实验采取同一升温速率,所以施加烧结压力的时间也各不相同,在 650℃ 烧结实验中施加烧结压力后的位移速率首先升高,而在下降时出现两个明显的台阶。两个台阶的位置与 1050℃ 烧结实验中位移速率—温度曲线的第 2 和第 3 个位移峰的位置相对应,说明台阶是由这两个峰与施加烧结压力所形成的峰叠加而形成的。通过计算得到,此时施加烧结压力后的体积收缩占烧结体总体积收缩的89.1%。

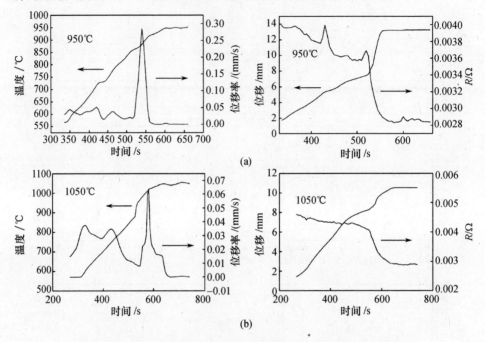

图3.11 不同烧结温度条件下的时间—温度—位移率曲线(左)和
时间—位移—电阻曲线(右)

(a)950℃;(b)1050℃。

可以预见,施加烧结压力的位移速率峰会随着烧结温度的提高而右移并与其中一个小峰重合,因此在750℃烧结实验中得到的位移速率峰值下降时的形状只有一个台阶,施加烧结压力后的体积收缩占烧结体总体积收缩的48.8%。而在850℃时第3个快速收缩阶段与施加烧结压力的时间重合,只能观察到由于施加烧结压力后快速收缩而出现的位移速率峰,施加烧结压力后的体积收缩占烧结体总体积收缩的33.6%。

在950℃时,施加烧结压力形成的位移速率峰已经基本与另两个峰分开。而峰值也明显大于其他烧结温度对应的位移速率峰值,施加烧结压力后的体积收缩占烧结体总体积收缩的31.2%。在1050℃时的最大位移速率峰明显减小,可以推断是由于高的烧结温度导致热软化明显,而且在前期的位移较大,所以施加烧结压力后压坯的收缩位移明显低于其他烧结温度施加烧结压力后压坯的收缩位移,施加烧结压力后的体积收缩占烧结体总体积收缩的22.9%。

表3.1表明了从施加烧结压力开始到烧结过程稳定这一阶段的坯体的电阻变

化以及最高的位移速率。随着施加烧结压力时的温度升高,系统电阻值的下降程度明显提高(由650℃时的0.0008Ω到1050℃时的0.0012Ω),而最高位移速率都出现在施加烧结压力后,而且在950℃时达到最大(0.2849mm/s)。虽然在高的烧结温度下已经在初始压力下进行了较大的位移,但主要的收缩过程还是在施加烧结压力之后。随着烧结温度的提高,粉体的软化和变形能力提高,从而更容易得到致密的复合材料产品。

表3.1 施加烧结压力后的系统电阻值变化和最高位移速率

烧结温度/℃	650	750	850	950	1050
施加烧结压力后的电阻差/($\Omega/10^3$)	0.80	0.94	0.94	1.0	1.2
最高位移速率/(mm/s)	0.1451	0.1189	0.1956	0.2849	0.06416

3.3.2 烧结温度对 TiB/Ti 复合材料微观组织的影响

如前所述,TiB 的稳定结构是 B27 结构,由于沿[010]方向生长最快而形成针状或者晶须状[2]。图3.12 是在不同烧结温度条件下通过 SPS 烧结得到的试样经深腐蚀后的表面形貌。由图可知,烧结温度在650℃和750℃时,复合材料微观组织上可以观察到孔洞的存在,说明材料还没有达到完全致密。此外,在650℃和750℃烧结得到复合材料中可以清晰地看到 Ti 基体中夹杂的 TiB_2 颗粒,其中750℃的复合材料中的 TiB_2 颗粒要略小一些,说明在750℃时 TiB_2 已经因为参与了原位反应而被消耗,这也与 XRD 分析的结果相符合。另外,750℃的复合材料内部孔洞数量和大小相对于650℃的复合材料而言都有明显降低,可以推测随着温度的升高,材料的致密度也在迅速提高。在温度升高到750℃后,TiB_2 与 Ti 的原位反应突破反应势垒开始进行,TiB_2 颗粒的活性增加以及 Ti 颗粒之间的原子扩散更加剧烈,这也是750℃时出现一个位移速率峰值的原因。而材料在850℃时已经生成了尺寸较大的针状晶须,随着温度的进一步升高,生成的晶须的尺寸也继续增长;在950℃时的复合材料基本看不到颗粒状的 TiB_2 的存在,说明此时反应已经基本结束;在烧结温度为1050℃时,复合材料内部 TiB 晶须的尺寸达到最大。

为了分析原位生成 TiB 晶须的尺寸分布情况,对多个 SEM 形貌像中 TiB 晶须的直径和长径比的变化进行了观察和测量,每个试样测量40个以上的晶须,其统计结果分别如图3.13 和图3.14 所示。

图3.13 为不同烧结温度条件下 SPS 制备3% TiB 增强钛基复合材料中 TiB 晶须的直径分布规律曲线。随着烧结温度的增大,生成 TiB 晶须的直径的平均值也在增大,而且晶须直径的分布范围也变得更大。当烧结温度为750℃时,TiB 晶须的平均直径为 $0.0469 \pm 0.004\mu m$,其直径的范围分布在 $0.2 \sim 0.01\mu m$ 的范围内。

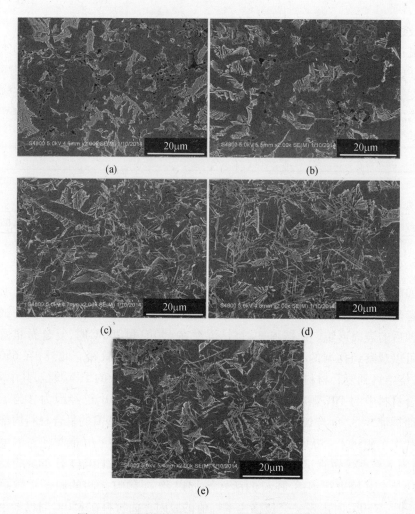

图 3.12　不同烧结温度条件下复合材料的微观组织
(a) 650℃；(b) 750℃；(c) 850℃；(d) 950℃；(e) 1050℃。

当烧结温度提高到 850℃时，TiB 平均直径增加了一倍，上升到 $0.1186 \pm 0.004 \mu m$，分布在 $0.7 \sim 0.03 \mu m$ 的长度范围内，950℃生成的 TiB 晶须直径继续增大，平均在 $0.2417 \pm 0.004 \mu m$，直径范围为 $0.03 \sim 1.00 \mu m$，在 1050℃生成 TiB 直径增大的趋势减缓，平均直径在 $0.390 \pm 0.004 \mu m$，直径范围为 $0.01 \sim 1.10 \mu m$，最大直径与 950℃时差别不大，但平均直径仍然增大较多。由于 SPS 整个过程需要的时间很短，只需要 $15 \sim 25 \min$，相对于传统烧结方式，SPS 原位反应生成 TiB 晶须的反应临界烧结温度降低，长大速度加快。

　　图 3.14 为不同烧结温度条件下 SPS 制备 3% TiB 增强钛基复合材料中原位生

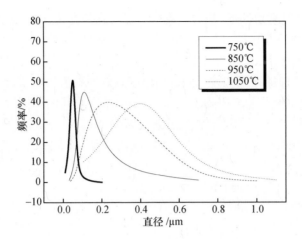

图 3.13　不同烧结温度下 3% TiB/Ti 复合材料中 TiB 直径的分布规律

成 TiB 的长径比分布规律曲线。随着烧结温度的升高,TiB 晶须的长径比呈先升高后降低的趋势,而长径比的分布范围逐渐增大。由于烧结温度为 750℃的复合材料中原位反应程度不高,只有初生的少量 TiB 晶须,其特点是虽然直径较小,但其长度也较小。所以 750℃时复合材料中的 TiB 的平均长径比非常低,只有12.43,分布的范围也非常窄,在 3～24 之间。而烧结温度升高到 850℃后复合材料中晶须的长度急剧增加,导致晶须的长径比也急速增大,达到了 51.72,分布范围在 16～85。此时复合材料中晶须的长径比为最大。随后,950℃和 1050℃生成的晶须的长径比开始逐渐减小,分别为 44.88 和 34.64。可见初生 TiB 晶须的长径比随着烧结温度的提高而增大,说明在长轴方向的长大速度大于径向的长大速度,从而使 TiB 长成晶须状或长棒状。而到达临界温度 850℃后,TiB 的反应更易于进行,轴向长大优势不明显,导致 TiB 的直径增大的同时,长径比却在下降。

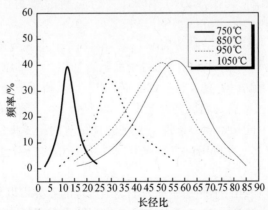

图 3.14　不同烧结温度下 3% TiB/Ti 复合材料中 TiB 长径比的分布规律

相同的烧结温度条件下,相对于传统的烧结制备方法,SPS 能够使 TiB 具有更高的长径比,这主要是由于烧结过程的特点所引起的。首先,SPS 过程中存在的放电效应和局部高温可以促进原子扩散,从而加速 TiB 晶须沿轴向的快速生长。其次,SPS 过程中快速的升温和较低的烧结温度有效抑制了 TiB 晶须的径向生长(高温会导致 TiB 晶须的径向生长加速及促进 TiB 晶须之间的团聚);另外,SPS 技术的优势是低电压、大电流的脉冲直流电通过石墨模具和压坯发热实现快速加热烧结。低温时可以通过插入石墨模具中的热电偶、高温时通过红外测温装置来测量模具表面的温度来控制和调节烧结参数,因此可以实现对烧结参数的精确控制,这也是使 TiB 具有较高长径比的原因之一。

综上所述,烧结温度的选择,一方面要保障复合粉体中原位反应的充分进行,生成具有较高长径比的 TiB 晶须;另一方面要尽量提高复合材料的致密度。通过上述实验结果及分析可知,对于 3% TiB/Ti 复合材料而言,最佳烧结温度为 950℃。

3.4 初始压力对 TiB/Ti 复合材料相对密度和微观组织的影响规律

3.4.1 初始压力对 TiB/Ti 复合材料相对密度的影响

如前所述,TiB/Ti 复合材料的烧结过程中存在 4 个快速收缩阶段,分别为颗粒的活化和重排阶段、Ti 颗粒的软化和变形阶段、原位反应进行阶段和施加烧结压力后的快速变形及致密化阶段。前 3 个快速收缩阶段是在固定温度下进行的,如果在烧结温度较低的情况下施加烧结压力,则烧结压力引起的快速收缩会与相应温度的收缩阶段重合,这有可能导致复合材料的收缩不充分,从而降低了复合材料的致密度。可以推断,初始压力对 TiB/Ti 复合材料的致密化过程也有重要的影响。

图 3.15 描述了 SPS 烧结制备 TiB/Ti 复合材料的相对密度随初始压力(P_1)变化规律,从中可以看出,复合材料的相对密度随着初始压力的增大而降低,在施加 5MPa 的初始压力下制得的复合材料致密度为 99.1%,接近完全致密,而在初始压力提高到 50MPa 后,复合材料的相对密度降低到 90.7%,降低幅度为 8.5%。

图 3.16 是在不同初始压力条件下得到的烧结时间—压头位移量变化规律曲线,施加初始压力(P_1)为 5MPa 时(曲线 a)获得了完整的烧结致密化过程,因此复合材料具有较高的相对密度。

从图 3.16 可以看出,不同初始压力下烧结过程的差异可以分为 3 个阶段来分析,即图中的 1、2、3 阶段。与 P_1 为 5MPa 时(曲线 a)的整个位移过程相比,$P_1 =$

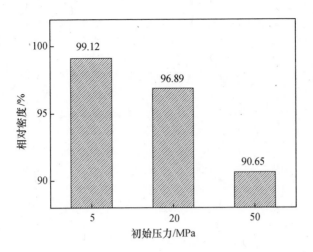

图 3.15　初始压力对 TiB/Ti 复合材料相对密度的影响

20MPa(曲线 b)时在第 1 阶段内的位移速率明显快于曲线 a,其位移值也高于曲线 a。在 325s 的烧结时间之后,在第 2 阶段曲线 b 中的位移速率开始减缓,曲线 a 的位移速率提高并且其压头位移值在第 2 阶段结束时超过曲线 b。进入第 3 阶段后,随着烧结压力提高到 50MPa,曲线 a 开始进入最后的快速收缩阶段,直到收缩停止;而曲线 b 受到烧结压力的影响较小,收缩速度提高不大,曲线由于位移逐渐停止而变得平直,而且曲线 b 的最终位移明显低于曲线 a。烧结结束后,曲线 b 的总位移量比 a 低了 23.2% 。

$P_1 = 50$MPa(曲线 c)时在第 1 阶段的位移速率略高于曲线 b 而明显快于曲线 a,也出现了快速收缩;在第 2 阶段曲线 c 的位移速率开始减缓,曲线 a 的位移速率提高并且其压头位移值在第 2 阶段内超过曲线 c。曲线 c 进行到第 2 阶段的中段时压坯就已经停止收缩,最终的位移也低于曲线 b 和曲线 a。烧结结束的第 3 阶段,曲线 c 的总位移量比 a 低了 51.3% 。从以上分析中得到的烧结体位移量变化规律同图 3.15 中的初始压力对其相对密度的影响规律是一致的。

烧结体相对密度变化率可以表征为[1]

$$\frac{\mathrm{d}\rho_P}{\mathrm{d}t} = \frac{12\Omega D_V}{KTG^2}\left[P_{\mathrm{eff}} + \frac{2\gamma}{r} - P_g(m, r, T)\right] \tag{3.3}$$

式中:Ω 为原子体积;G 为晶粒尺寸;P_{eff} 为施加的有效外压强;$\frac{2\gamma}{r}$ 为使孔洞收缩的本征 Laplace 应力;$P_g(m, r, T)$ 为闭孔内气体压强;m 为气体物质的量。

式(3.3)显示外加应力场引发的塑性变形是烧结体最终致密化的主导机制,同时,闭孔中的气体压强影响最终致密化的结果,即当 $P_{\mathrm{eff}} + \frac{2\gamma}{r} > P_g(m, r, T)$ 时,烧

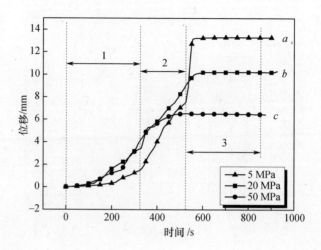

图 3.16　不同初始压力条件下时间—压头位移量变化规律曲线

结体体积开始收缩。

　　初始压力越大,最终快速收缩的效果越差,烧结体的致密化程度越低,这正是因为初始压力增大造成了复合材料中封闭孔增多,当施加烧结压力时,随着孔隙尺寸的减小,孔中气体的压强将增大,当 $P_{eff} + \dfrac{2\gamma}{r} = P_g(m, r, T)$ 时,密度变化率保持不变,烧结体体积收缩停止。

　　一般说来,压应力越大,烧结体致密化的速度越快。图 3.16 中第 1 阶段内的压头位移速率反映出初始压力越大,烧结体出现快速位移的时间越早,体积收缩速率越大的变化趋势。但是,烧结体在致密化过程中会出现颗粒的塑性形变→烧结体的排气→颗粒粘结→最终剩余空隙形成闭合气孔的现象,虽然在烧结初期初始压力加大对排气有促进作用,但应该注意的是,初始压力的提高也会造成烧结体内闭合孔数量的增加。在烧结后期(图 3.16 中的第 3 阶段),虽然施加烧结压力对闭孔的形状和尺寸能有一定程度的改善,但残余孔隙会对烧结体密度产生很大影响。初始压力越大,闭合孔的数量越多,烧结体的最终密度救回越低。

3.4.2　初始压力对 TiB/Ti 复合材料微观组织的影响

　　图 3.17 为不同初始压力(P_1)下制备的 TiB/Ti 复合材料的微观组织和断口形貌。通过微观组织形貌观察可以看到在不同初始压力条件下制备得到的 TiB/Ti 复合材料中 TiB 的尺寸相差不大,说明初始压力对原位反应生成的 TiB 的生长过程的影响较小。初始压力为 20MPa 和 50MPa 条件下得到的复合材料的晶界处可

以观察到孔洞的存在。从 TiB/Ti 复合材料的断口形貌中可以看到相对于初始压力为 20MPa 和 50MPa 的 TiB/Ti 复合材料,初始压力为 5MPa 的 TiB/Ti 复合材料的断口整齐,为准解理断裂,说明其致密化程度较高;而初始压力为 20MPa 和 50MPa 的 TiB/Ti 复合材料断口中孔洞较多,并且呈现出由于粉体颗粒剥落而导致的凹凸不平的断口,这是由于产品的致密化程度不高,粉体颗粒之间的结合不紧密和闭合空隙较多造成的。这与图 3.15 反映出来的密度变化规律是一致的。

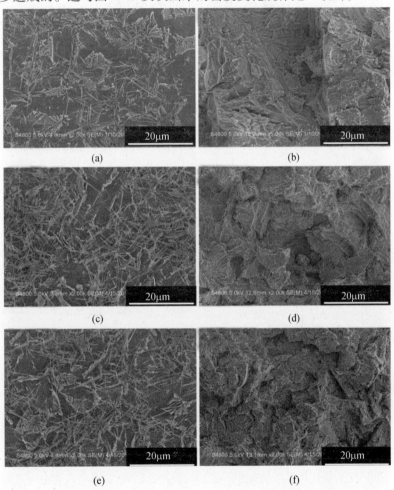

图 3.17　不同初始压力(P_1)下 TiB/Ti 复合材料的微观组织和断口形貌图

(a) P_1 =5MPa 下的微观组织形貌;(b) P_1 =5MPa 下的断口形貌;(c) P_1 =20MPa 下的微观组织形貌;
(d) P_1 =20MPa 下的断口形貌;(e) P_1 =50MPa 下的微观组织形貌;(f) P_1 =50MPa 下的断口形貌。

综上所述,较大的初始压力不利于得到高致密度的复合材料,但对原位反应过

103

程的影响较小。综合考虑认为,烧结过程中应当使用较小的初始压力。但如果初始压力过小,会使 SPS 压头与粉体接触不紧密,影响烧结电流的通过,因此,在实际烧结过程中,选择的初始压力为 $P_1 = 5\text{MPa}$。

3.5 升温速率对 TiB/Ti 复合材料相对密度及微观组织的影响规律

图 3.18 中给出了不同升温速率下复合材料的致密度的变化规律。可以看出,升温速率对材料的相对密度的影响较小,所得烧结体的相对密度都在 98% 以上。随着升温速率的增加,复合材料的相对密度出现了不同程度的降低。在升温速率高于 100℃/min 下制得的复合产品的相对密度已经低于 99%;升温速率提高到 300℃/min 时相对密度降低到 98.5%。升温速率提高使烧结过程缩短,会导致烧结过程中的颗粒活化和排气的时间减少,烧结体内闭合孔的数目也会有所提高。

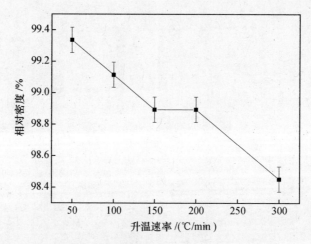

图 3.18　不同升温速率下复合材料的相对密度

图 3.19 为在不同升温速率下制备的复合材料的微观组织形貌。通过观察可以发现不同升温速率下 TiB 晶须的生长差异主要表现在两个方面:一方面是晶须直径的变化,另一方面是晶须的分布情况。升温速率较低时(50℃/min),复合材料中的晶须分布较均匀,但由于所消耗的时间较多,TiB 晶须的尺寸较大,而且长径比相对较低。随着升温速率的提高,晶须的直径降低,长径比增大,然而原位反应进行得不充分。

通过观察可以发现当升温速率超过 150℃/min 后,虽然生成的晶须具有非常

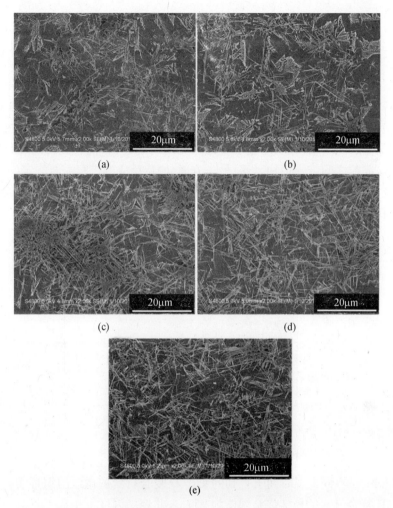

图 3.19　不同升温速率下复合材料的微观组织形貌

(a) 50℃/min；(b) 100℃/min；(c) 150℃/min；(d) 200℃/min；(e) 300℃/min。

高的长径比,但复合材料中出现了团聚现象,在团聚的中心区域出现了较为密实的组织,通过能谱分析,这种组织的 B 原子含量高于 TiB 的原子比,说明由于 TiB_2 与 Ti 粉体颗粒的接触面反应较快,在烧结过程中 B 原子的扩散不够充分,在反应的后期,由于 TiB 在 TiB_2 表面的大量生成,使 B 原子的浓度梯度变小,减缓了内部 B 原子的扩散,形成了 TiB 与 TiB_2 的混合团聚区。

综合考虑上述情况,可以得出当升温速率在 100℃/min 时可以得到原位反应进行充分、致密度较高而且晶须分布较为均匀的 TiB 增强钛基复合材料。

3.6 保温时间对 TiB/Ti 复合材料相对密度和微观组织的影响规律

图 3.20 是不同保温时间下得到的 TiB/Ti 复合材料的相对密度变化曲线。从中可以看出,保温时间在 5min 以上时得到的复合的相对密度都达到了 99% 以上,而无保温(0min)的复合材料的相对密度为 96.2% 。一方面这是由于在施加烧结压力后,保温时间越长,相当于施加烧结压力的时间越长,晶粒在外力作用下的扩散更充分,晶粒之间结合更加紧密;另一方面,原位反应的进行需要一定的时间,在原位反应进行的过程中,晶粒间的充分接触和扩散对复合材料相对密度的提升也有一定贡献。

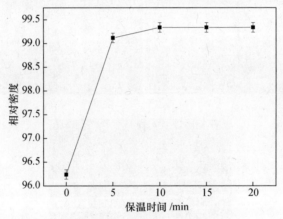

图 3.20 不同保温时间下得到的复合材料的相对密度

图 3.21 是不同保温时间下得到的 TiB/Ti 复合材料的微观组织形貌。如前所述,TiB/Ti 复合材料的最佳烧结温度为 950℃,此烧结温度下生成了具有大长径比的 TiB 晶须增强相。

但是图 3.21(a)显示保温时间为 0min 时生成的 TiB 晶须分布不均匀,大都集中在 Ti 的晶界上,而且可以看到少量未反应完全的 TiB_2 小颗粒,并且 TiB 晶须周围有孔洞的存在,说明复合材料的相对密度不高;当保温时间为 5min 时得到了长径比较高的 TiB 晶须,而且 TiB 增强相的分布比较均匀,基体上孔洞都也已经基本消失。之后随着保温时间的延长,原位反应生成的 TiB 晶须开始粗化,长径比也开始降低。在保温时间和压力的共同作用下,压坯的密度快速增大;与此同时,外加压力使颗粒间的接触面积增大,原子扩散加快,TiB_2 原子扩散到 Ti 颗粒中形核长大的几率增加,使 TiB 晶须的分布更加均匀。而随着保温时间的进一步增加,可以看到

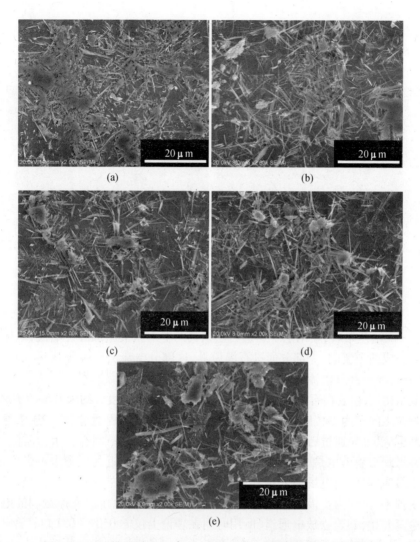

图 3.21　不同保温时间下得到的 TiB/Ti 复合材料的微观组织形貌

(a) 0min；(b) 5min；(c) 10min；(d) 15min；(e) 20min。

TiB 晶须的分布仍然非常均匀,但是 TiB 的直径有所增加,而且其长径比开始降低。

综上所述,考虑烧结致密化过程的完成、原位反应过程和烧结效率 3 个方面,在保温保压阶段烧结体的体积收缩停止后保温 5min 为最佳。

3.7　TiB/Ti 复合材料的 SPS 烧结机制

烧结温度为 400℃时得到的试样的断口形貌如图 3.22 所示,此时烧结体已经经历了第 1 个快速收缩阶段。由图 3.22(a)可以看到,烧结体内部孔洞很多,粉体颗粒之间的接触面较小,少数颗粒的边角钝化;图 3.22(b)显示在 Ti 粉颗粒表面出现了由放电冲击压力造成的电蚀坑,而粉体颗粒间已经出现了黏结现象。

(a)   (b)

图 3.22   烧结温度为 400℃时试样的断口形貌
(a)颗粒间的接触情况;(b)单个粉体颗粒表面的孔洞。

SPS 烧结开始后,烧结系统通过石墨模具的上下压头施加脉冲电流,电流通过压头后分成两个流向:一部分通过石墨模具,这部分电流会产生焦耳热,加热模具内的粉体;另一部分电流则通过烧结体(图 3.23)。

烧结初期,松装在石墨模具中的 TiB_2 和 Ti 混合粉的密度大约为 1.5~2.0g/cm³,相邻颗粒之间多为点接触或很微小的面接触。在 SPS 过程通过上、下压头通入直流脉冲电流,电流通过石墨模具和粉体进行加热,由于颗粒间存在大量空隙,颗粒表面在微观形貌上也是凸凹不平的。相邻颗粒间距离较近的位置电场强度最大,放电也最为剧烈,当电场强度达到 10^5 V[3],即 100V/μm 左右时,就会出现场致电子发射现象,由作为负极的颗粒表面向正极的颗粒逸出电子。高速运动的电子从引发电离开始,到建立放电通道,所用时间在理论上仅需 0.01~0.1μs。放电通道形成后,通道间的电子高速奔向正极,正离子奔向负极。电能由此转化为动能,动能通过相互碰撞又转变为热能。于是在放电通道两端作为正极和负极的颗粒表面位置成为瞬时热源,可在瞬间达到上千度的高温。

在单个脉冲周期内,放电所释放的能量取决于极间放电电压、放电电流和放电持续时间,即

$$W_M = \int_0^{t_0} u(t)i(t)\,\mathrm{d}t \tag{3.4}$$

式中:t_0 为单个脉冲实际放电时间(s);$u(t)$ 为放电间隙中随时间而变化的电压(V);$i(t)$ 为放电间隙中随时间而变化的电流(A);W_M 为单个脉冲放电能量(J)。

每次脉冲放电时,通道内及正、负电极放电点都瞬时获得大量热能。而正、负

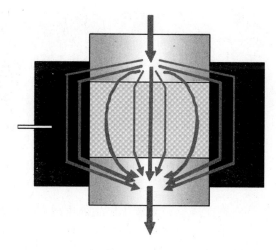

图 3.23　脉冲电流通过模具与粉体并联电路的示意图

电极放电点所获得的热量,由于此时颗粒间的接触较少,接触颗粒间的热传导可以忽略,因此除一部分热量以孔隙中的残留气体与粉体颗粒间的热传导和未接触颗粒间的热辐射的形式散失外,放电效应产生的热量主要消耗在放电颗粒的表层升温和颗粒内部的热传导上。于是在放电通道两端的作为正极和负极的颗粒表面成为瞬时热源,甚至可能在瞬间达到上千度的高温。放电造成的局部高温会使粉体颗粒表面产生熔化现象,从而使部分粉体颗粒出现边角钝化现象,并使两粉体颗粒间的接触面产生粘结。

　　图 3.24 是在 600℃终止烧结得到试样的断口形貌,此时烧结体已经经历了第2 个快速收缩阶段。随着烧结温度的进一步升高,Ti 颗粒在高温下硬度降低,更容易变形而使粉体颗粒间的接触面积更大。如图 3.24 所示,电流分别通过石墨模具和内部的粉体压坯中,当粉体的致密度较低时的电阻较大,大部分的电流由石墨模具中通过;随着粉体致密度的提高,电阻降低,电流会更多地分配到压坯中,从而使压坯的升温更快。由图 3.24(a)可以看出粉体颗粒的边角钝化现象更多,颗粒的熔化也更加明显。

　　在如图 3.24(b)所示位置,也就是在颗粒的结合面附近,通过高倍扫描电镜观察发现有小丘状的物质生成,这些丘状物质的尺寸大小不一,大多在 0.2~0.5μm 左右,分散地排布在颗粒表面上。可以推断这些丘状物质并不是由颗粒内部生成的。其次,可以观察到某些位置的丘状颗粒在缝隙表面对称分布,而且相距一定距离,而有些则已经有部分融合,使颗粒间形成搭桥,如图 3.24(c)所示。

　　随着烧结的进行,试样内部温度逐渐升高,当烧结温度达到 750℃时,TiB₂ 颗粒和部分熔融 Ti 之间开始发生化学反应,生成针状的 TiB 晶须。当烧结温度达到

(a)　　　　　　　　　　(b)　　　　　　　　　　(c)

图 3.24　烧结温度为 600℃时试样的断口形貌

(a)颗粒形貌；(b)颗粒表面的丘状突起；(c)颗粒间形成的连接。

800℃时，二者之间的反应迅速进行。大量 TiB 晶须生成并伸向 Ti 基体中。随着烧结温度的升高和 TiB$_2$ 的消耗，TiB 晶体开始发生物质扩散，出现 TiB 晶须的迅速长大，伴随着一些小尺寸的 TiB 晶须的兼并和消失。

图 3.25 是 900℃下烧结得到的试样的断口形貌。此时烧结体已经经历了第 3 个快速收缩阶段，颗粒间出现大面积黏结，孔隙的数量和尺寸明显减小。在如图 3.25(a) 所标示的位置(b)，也就是在断口形貌中表面凸起较高的位置，可以观察到大量的丘状颗粒。这些丘状颗粒的尺寸均匀，密集地排列在粉体表面。图 3.25 (b)的中心位置可以观察到丘状物质有融合的趋势，并且填充了中部的缝隙。

(a)　　　　　　　　　　(b)　　　　　　　　　　(c)

图 3.25　烧结温度为 900℃下试样的断口形貌

(a)断口照片；(b)丘状颗粒形貌；(c)电蚀坑形貌。

颗粒的边缘处是放电最为剧烈的地方，也是温度最高的地方[4]。两个相邻颗粒之间的放电，会加剧物质的蒸发—凝聚，使 Ti 颗粒表面熔化和气化蒸发。当这部分气体金属落在粉体颗粒表面后，在表面张力和内聚力的作用下重新凝固。物质在放电的地方易于沉积下来，从而形成了分布均匀、尺寸均匀的丘状小颗粒。在下一个脉冲周期，表面粘有凝固的微小 Ti 颗粒的位置发生放电的几率会大大增加，这样在局部区域放电会高频率发生，随着丘状小颗粒的大量生成和在压力作用下致密度的提高导致颗粒之间的距离缩短，丘状颗粒在颗粒间的缝隙处逐渐横向长大并连接为一个整体。随着烧结过程持续进行，这些相互连接的小颗粒逐渐将两个大粉体颗粒连接在一起形成搭桥,并由于径向尺寸的不断增加而形成烧结颈。

在图 3.25(a)中所示的位置(c)的放大图(图 3.25(c))显示了断口中微观上起伏较大组织的形貌。这部分区域几乎观察不到放电所形成的丘状颗粒,但有明显的熔化现象。这是由于放电造成的局部高温使部分粉体颗粒表面产生熔化。而放电冲击压力造成的高温溅射可以实现颗粒表面物质的剥落,从而使颗粒表面的杂质得以清除,提高了颗粒表面的活性,所以从图 3.25(c)还可以清楚观察到颗粒表面有明显的由放电冲击压力造成的均匀电蚀坑。与 HP(热压法)和 HIP(热等静压法)不同,由于脉冲电流的作用,在 SPS 过程中粉体颗粒表面存在活化和净化现象[5],这是 SPS 技术特有的工艺优点。

已有研究表明[6],外加电场会诱发点缺陷的浓度增加以及点缺陷迁移能下降。因此在 SPS 过程中的颗粒接触与烧结颈长大阶段,以点缺陷(空位)为基础的表面扩散的活性很高。通常对于大多数金属,在传统烧结过程中,烧结温度下的蒸气压都很低,蒸发与凝聚不能在烧结过程中起到作用,但在 SPS 过程中,放电导致的局部高温使蒸发与凝聚也成为烧结颈的长大方式。因此,在 SPS 的颗粒接触与烧结颈长大阶段,电场作用促进的表面扩散和局部高温导致的蒸发与凝聚成为烧结颈长大的重要方式。这正是 SPS 能够实现低温烧结的内在因素。

之后,在施加压力后压坯进入最终致密化阶段,外加应力场造成的塑性变形称为此时烧结体致密化的重要机制,因此也可以称为塑性变形最终致密化阶段。在施加压力之后,系统的电阻迅速变小,电流也从先前的以通过石墨模具为主转变为以通过压坯为主。电流的增加,使得颗粒间的放电效应更加明显,烧结颈的生成和长大更加迅速,从而实现了快速致密化。

综上所述,在 TiB/Ti 复合材料的 SPS 烧结过程中,依据其收缩特征及微观组织演化规律,可将其烧结过程划分为以下 4 个典型的烧结阶段。

(1)颗粒的活化和重排阶段。此阶段内粉体颗粒之间的接触面开始黏结,粉体活性增加,与此同时伴随着气体的排出过程。

(2)Ti 颗粒的软化和变形阶段。此阶段内 Ti 粉体颗粒已经软化,虽然仍然没有达到原位反应温度,但硬度较大、熔点较高的 TiB_2 颗粒被已经软化的 Ti 粉体颗粒所包围,使得复合材料的致密化程度进一步升高。

(3)原位反应进行阶段。750℃时,已经有初生的微小 TiB 产物生成,说明在此温度下反应已经激活。此时 TiB_2 颗粒活性提高,颗粒之间更加易于结合。

(4)快速塑性变形致密化阶段。施加压力是材料致密化最主要的影响因素,在施加烧结压力之后,压坯的致密度上升最为明显。颗粒在压力的作用下迅速变形并致密,此时系统的电阻迅速变小,电流也从先前的以通过石墨模具为主转变为以通过压坯为主。电流的增加,使得颗粒间的焦耳热效应更加明显,烧结颈的生成和长大迅速,从而实现了快速致密化。

在 TiB/Ti 复合材料的制备过程中,只有使这 4 个烧结阶段依次并充分进行,才能制备得到高质量的烧结体。

参考文献

[1] 果世驹. 粉末烧结理论[M]. 北京:冶金工业出版社,1998.

[2] 吕维洁. 原位合成钛基复合材料的制备,微结构及力学性能[M]. 北京:高等教育出版社,2005.

[3] 赵万生. 先进电火花加工技术[M]. 北京:国防工业出版社,2003.

[4] Zhang Z H, Shen X B, Zhang C, et al. A new rapid route to in – situ synthesize TiB – Ti system functionally graded materials using spark plasma sintering method[J]. Materials Science and Engineering A, 2013, 565: 326 – 332.

[5] Wang F C, Zhang Z H, Luo J, et al. A novel rapid route for in situ synthesizing TiB – TiB_2 composites[J]. Composites Science and Technology, 2009, 69(15 – 16): 2682 – 2687.

[6] Munir Z A, Anselmi – Tamburini U, Ohyanagi M. The effect of electric field and pressure on the synthesis and consolidation of materials: a review of the spark plasma sintering method[J]. Journal of Materials Science, 2006, 41(3): 763 – 777.

第4章 放电等离子烧结原位反应生成 TiB 晶体的结构表征及生长特性

原位自生复合材料中增强体的形态、分布、大小对复合材料的性能有很大影响。相对于外加增强体复合法,具有增强体表面无污染、分布均匀、制备工艺简洁等优点[1,2]。这种界面洁净和分布均匀的特性使得原位自生复合材料具有优异的力学性能,这使得 TiB/Ti 复合材料中 TiB 和 Ti 基体的界面关系和 TiB 的生长特性也成为研究重点。而 SPS 过程的热效应与其他传统的原位反应制备方法不同,其低温快速的特点更有利于产生具有良好增强效果的增强相。本章重点对通过 SPS 技术制备得到的 TiB/Ti 复合材料中增强相的晶体结构及 TiB 的生长特性进行分析。

4.1 TiB 的结构表征

4.1.1 TiB 的 TEM 观察

通过对复合材料试样进行透射电镜(TEM)观察,得到了 TiB 的形貌特征和结构特征。如前所述,SPS 原位反应生成 TiB 的形貌主要为晶须状,其理想横截面为六边形。图 4.1 为钛基体中 TiB 晶须径向及轴向的 TEM 明场像和选区电子衍射(SAED)花样,通过对 TiB 横截面(径向)进行 SAED 标定可知,横截面的晶带轴为 (010) 方向,反应得到的 TiB 的横截面为六边形,两个夹角约为 53° 和 107°,而理论计算的 (101) 与 (200) 的晶面间距分别为 0.3656nm 和 0.1872nm,(101) 与 (100) 的夹角为 53°,(101) 与 (10$\bar{1}$) 的夹角为 107°,所以 TiB 的六边形截面由 (101),(100) 和 (10$\bar{1}$) 三个晶面组成,这与其他研究得到的结果一致。TiB 晶须轴向的 SAED 标定结果也证明晶须的轴向方向为 [010]。因此可以确定,与传统方法得到的 TiB 结构相同,即 TiB 为正交结构,沿 [010] 方向呈截面为六边形的晶须状,其晶格常数为:$a = 0.612$nm,$b = 0.306$nm 和 $c = 0.456$nm。

4.1.2 TiB 的结构分析

图 4.2 所示为 TiB 的晶体结构和原子堆垛示意图[3-6],从中可以看出 TiB 晶

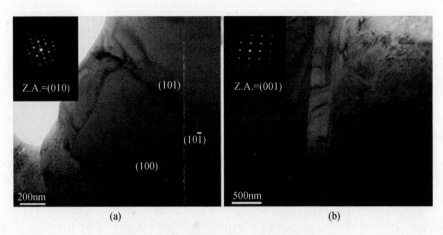

图 4.1　TiB 的 TEM 明场像及其衍射斑点

（a）TiB 晶须横截面的 TEM 像；（b）TiB 轴向的 TEM 像。

须为 B27 结构。Ti 原子与 B 原子之间的化学键是电子结合的金属键，B 原子之间为共价键结合。金属 Ti 与 B 原子形成金属键时，由于 B 原子的半径较大，而且电离势较低，B 原子的 P 层电子只有少部分转入金属键的电子中，大部分电子都消耗在 B - B 的共价键上，并以单键形式形成单独的结构单元，即形成了平行于 b 轴方向呈 z 字形的单链。

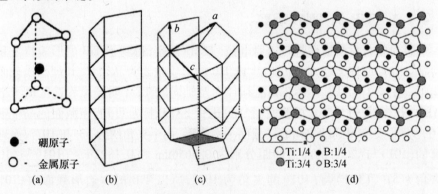

图 4.2　TiB 晶体结构和原子堆垛示意图[3-6]

（a）三棱柱结构；（b）晶胞排列；（c）TiB 结构；（d）（010）面上的 TiB 原子投影。

如图 4.2（a）所示，由 6 个 Ti 原子组成三棱柱，每个 B 原子位于棱柱中心，组成 TiB 的原始单元。B27 结构是由三棱柱堆垛成柱状阵列组成，相邻的三棱柱的 6 个正交面中只有两个重叠，如图 4.2（b）所示，B 原子形成平行于 [010] 方向的 z 字形单链。如图 4.2（c）所示，为满足化学计量比，三棱柱之间只有棱边接触，4 个三棱柱中间形成了横截面为不规则四边形的 Ti 原子管道，图 4.2（d）所示为垂直于

[010]方向的 TiB 的原子排布。因为通常具有较高密度强键结合的面具有较快的生长速度,在 Ti 和 B 原子化学配比为 1:1 的面上的生长速度较高,而 Ti 原子和 B 原子化学配比不等的面上的生长速度要低一些,所以 TiB 在垂直于 Ti、B 原子化学配比相等的面上生长速度较高,因此 TiB 沿[010]方向生长速度要快于其他方向的生长而形成晶须状或短纤维状[4]。

　　TiB 单独晶胞是由 4 个 Ti 原子和 4 个 B 原子组成的,如图 4.3 构建的 TiB 单个晶胞所示,$a(100)$、$b(010)$、$c(001)$ 面上的晶面间距分别为 a、b、c,在 b 方向也就是[010]方向上分为两层,高度分别为 $0.25b$ 和 $0.75b$,两层都分配有两个 Ti 原子和两个 B 原子,上层 Ti 原子坐标分别为($0.323a$, $0.75b$, $0.623c$)和($0.823a$, $0.75b$, $0.877c$),下层两个 Ti 原子坐标分别为($0.677a$, $0.25b$, $0.377c$)和($0.177a$, $0.25b$, $0.123c$),上层两个 B 原子坐标分别为($0.471a$, $0.75b$, $0.103c$)和($0.971a$, $0.75b$, $0.397c$),下层两个 B 原子坐标分别为($0.029a$, $0.25b$, $0.603c$)和($0.529a$, $0.25b$, $0.897c$)。

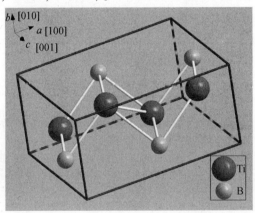

图 4.3　TiB 的晶胞结构示意图

　　由构建的晶胞可以得到 TiB 在(100),(010)和(001)面上的投影,如图 4.4 所示,通过右侧的黑白图将两层原子区分开。而由化学键合理论可知,TiB 中晶体键的结合强度排列为:$B-B>Ti-B>Ti-Ti$。由图中不同方向上的投影示意位置可知在(010)面上,沿[100]方向 Ti 原子与 B 原子交替生长,而沿[001]方向 Ti 原子与 B 原子以 1:1 的原子比生长,Ti 原子的堆垛密度排列顺序为(100)>(101)>(001),(001)面由于生长速度最快而不能形成晶体平面,因此 TiB 长轴截面的侧边为(100)、(101)和(10$\bar{1}$)面,并组合为六边形。这与 TEM 观察的结果相符合,说明原位反应生成的 TiB 沿[010]方向为晶须的长轴方向,横截面为六边形,其 3 个面为(100)、(101)和(10$\bar{1}$)面,其形貌特点与 TiB 增强相的晶体结构密切相关。

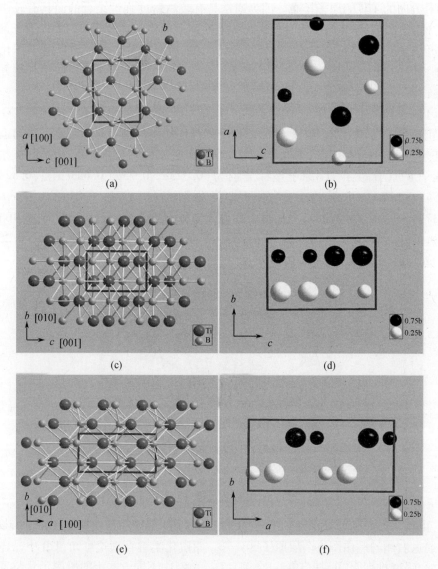

图 4.4 TiB 晶胞在 [100]、[010] 和 [001] 三个方向上的投影,框内为单个晶胞的结构
(a) [001] 方向的原子排布;(b) [001] 方向单个晶胞内原子层的高度;(c) [010] 方向的原子排布;
(d) [010] 方向单个晶胞内的原子层高度;(e) [100] 方向的原子排布;
(f) [100] 方向单个晶胞内的原子层高度。

4.1.3 TiB 中层错的 TEM 观察

大量的 TEM 观察表明,TiB 晶须中普遍存在层错。图 4.5 为晶须中 [010] 方向上层错的 TEM 形貌。在其对应的 SAED 斑点上可以发现,在[100]方向上的衍射斑点被拉长,由此可以推断,原位生成 TiB 晶须中的层错面都平行于[100]方向。层错贯穿整个 TiB 晶须,而且层错间的距离不等,并且在局部具有很高密度的层错存在。TiB 中层错的存在与其晶体结构和生长方式有关,下面进行详细阐述。

如前所述,具有相同钛原子与硼原子化学配比的晶面的生长速度要明显大于不同 Ti 原子与 B 原子化学配比的晶面的生长速度[7]。如图 4.5 所示,在 TiB 晶体中(010)和(001)面上 Ti 与 B 的原子比均为1∶1,而在(100)面上 Ti 与 B 原子分别位于交替的不同平面上,因此 TiB 沿[010]和[001]方向的生长速度要高于[100]方向。而且研究表明 TiB 的生长遵守形核和长大机制,B 原子在 TiB 内进行单向空位扩散,由于在[100]方向生长速度相对较慢和 Ti 和 B 原子排列结构复杂,因此在 B 原子缺失或者位置变化的情况下容易形成生长缺陷。

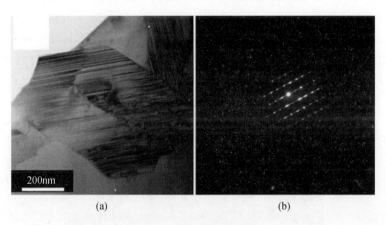

(a)   (b)

图 4.5　TiB 晶体中的层错

(a) TEM 形貌;(b)SAED 图谱。

TiB 中的层错属于其生长中的固有缺陷,是由其晶体结构决定的,这也是在不同方法生成的 TiB 中均观察到层错存在的原因。对于原位生成的 TiB,层错的产生还与基体的晶格结构有关,它的存在可以减小 TiB 与基体的错配度,降低界面应力。

4.2　TiB 增强相的典型形貌

如前所述,由 SPS 制备的 TiB/Ti 复合材料中大部分的 TiB 增强相都呈晶须状,这与其他方法制备的 TiB 的形貌大致相同,这是由 TiB 的生长特性决定的。而由于原位反应中的反应热力学和动力学过程的变化,使其生成的 TiB 的形貌也趋于多样化。SPS 制备的 TiB 的典型形貌主要有晶须、团簇、晶须束和空心管状。本节将分别对它们的形貌特点进行介绍。

4.2.1　晶须

TiB 晶须是 TiB 晶体最常见的形貌特征,在 4.1 节已经对 TiB 晶须的结构做了详细的分析。如前所述,SPS 制备的 TiB/Ti 复合材料中,在 850℃烧结时就在 TiB$_2$ 和 Ti 颗粒的边界上出现了极为细小的晶须,但其长径比不高;随着烧结温度的升高,TiB 晶须的长径比逐渐增大,继而随着 TiB 晶须直径的增加其长径比又开始降低。在 TiB$_2$ 反应物含量较少的情况下,B 原子之间的结合更加规则,形成的 TiB 最能体现其结构和生长倾向。

通过腐蚀掉金属基体的方法,可以对 TiB 的形貌有比较直观的了解。图 4.6 所示为典型的 TiB 晶须照片。可以看出,TiB 晶须的横截面呈六边形,侧边有台阶状的凸起,这是 TiB 晶须的典型生长方式。另外,TiB 晶须的晶面非常平整,与 Ti 基体之间的界面也非常清晰,可以推断,原位反应并没有产生界面过渡相,TiB 晶须与 Ti 基体完美地结合在一起。

图 4.6　深腐蚀后原位生成的 TiB 晶须

TiB 晶须的尺寸与 TiB/Ti 复合材料的力学性能关系密切。通常情况下,晶须的长径比和晶须与基体的界面结合强度这两个因素决定了复合材料的力学性能;在 SPS 原位反应制备的 TiB/Ti 复合材料中,TiB 与 Ti 的界面结合较好,界面结合强度较高,因此控制 TiB 晶须的长径比对于提高 TiB/Ti 复合材料的力学性能极为重要。

4.2.2　团簇

SPS 原位反应生成的 TiB 晶须也会由于原子扩散环境的改变和 B 原子的浓度

差异出现分布局域化的特点。如前所述,TiB/Ti 复合材料中容易出现晶须的团簇。这是由于在反应过程中,靠近 TiB$_2$ 颗粒的区域由于 B 原子浓度较高而比较容易生成 TiB 晶须,而 SPS 的升温速率较快,导致反应速度较快,这样在该区域就易于形成 TiB 团簇。

图 4.7 为 TiB/Ti 复合材料中 TiB 团簇的形貌。TiB 团簇中 TiB 的生长取向也是随机的,也就是说在 TiB$_2$ 和 Ti 的界面处生长出来的 TiB 与 TiB$_2$ 和 Ti 基体之间都并没有明显的位相关系,图 4.7(b) 中所示为 TiB/Ti 复合材料中出现的部分短棒状的 TiB 团簇,可以直观地观察到 TiB 的紧密排列,因此可以推测 TiB 团簇是由 TiB$_2$ 表面的原位反应引起的。

图 4.7　TiB/Ti 复合材料中的 TiB 团簇的形貌
(a) 晶须状团簇;(b) 短棒状团簇。

团簇是由于原位反应中 B 原子的浓度不均而产生的,TiB/Ti 复合材料中 TiB 团簇的形貌也有差异,而这种差异与晶须的长大规律相似。图 4.7(a) 中 TiB 晶须的长径比明显要高于图 4.7(b) 中晶须的长径比,而其直径明显要小于后者,这主要是由于 TiB$_2$ 含量和烧结温度的双重影响造成的。在原位反应时,如果 TiB$_2$ 反应物颗粒数量较少而导致 B 原子的缺乏,部分 TiB 的长大就只能依靠单个 TiB$_2$ 中的 B 原子,而烧结过程中 B 原子的扩散速度有限,导致 TiB 晶须远离 TiB$_2$ 的一端生长缓慢,而较高的烧结温度也会使局部反应速度加快,最终生成的 TiB 晶体的直径就会较大。而在 TiB$_2$ 颗粒密度较高的区域,TiB 晶须在 TiB$_2$ 和 Ti 的界面处初生之后,晶须的生长中也受到了相邻的 TiB$_2$ 中 B 原子的支持,使得晶须的长度较大;另外,烧结温度降低,反应速度变慢,也会增加 B 原子的扩散范围,因此得到了长径比较高,直径较小的 TiB 晶须。

图 4.8(b) 所示为图 4.8(a) 中 TiB 团簇局部放大后的形貌。TiB 都呈现非常规则的棒状结构,虽然长轴的方向各不相同,但排列仍然非常紧凑,内部几乎没有空隙,部分的 TiB 结合在一起。TiB 晶须的这种分布形态明显会降低对复合材料力学性能的增强效率。

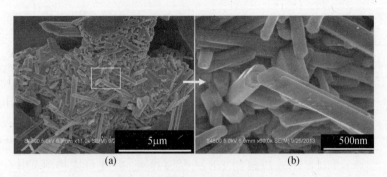

图 4.8　高倍下 TiB 团簇形貌

(a) 整个团簇;(b) 图(a)中白框部分的放大图。

图 4.9 为 TiB 团簇的 HRTEM 像,图中为 3 个 TiB 晶粒的交界处,可以看出晶粒之间的界面清晰,但取向不同。其中的一个晶体(图中 TiB - 2)的晶格像较清晰时,另一个晶体(图中 TiB - 1)也出现了条纹像,SAED 标定表明,TiB - 1 和 TiB - 2 两者的晶带轴方向分别为[001]和[010],其(100)面之间的角度为 8.4°,并非完全平行。

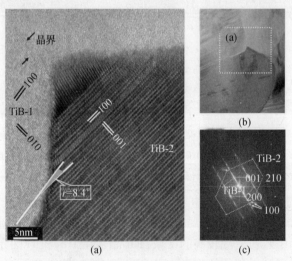

图 4.9　TiB 团簇的 HRTEM 像

(a) 团簇内观察到的晶须取向;(b) 显示(a)中区域为 3 个 TiB 晶粒的交界处;

(c) 对(a)区域晶界的 SAD 标定。

可以推测,团簇出现的位置在原位反应前应该是作为反应物的 TiB_2 粉体颗粒。如图 4.10 所示为 TiB 在颗粒界面上的生成过程。在压力的作用下,Ti 颗粒贴合在一起,由于 TiB_2 粉体颗粒与 Ti 粉体颗粒的原位反应主要发生在两者的接触面

120

上,且 TiB$_2$ 粉体颗粒的平均粒度(平均粒径 4μm)要远小于 Ti 粉体颗粒(平均粒径 40μm),所以原位反应在 TiB$_2$ 粉体颗粒处的晶须形核密度较大,然后在晶体长大过程中互相接触形成团簇。

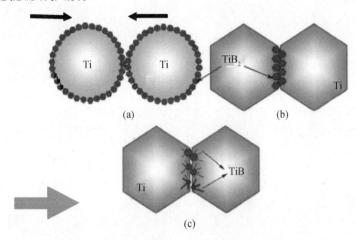

图 4.10　TiB 的原位反应生成过程

(a) TiB$_2$ 包裹在 Ti 颗粒表面;(b) 压力下 Ti 颗粒的接触;(c) TiB 生成。

研究表明,在力学性能测试过程中团簇会引起应力集中,成为裂纹生成的根源,所以在制备过程中应当尽量减少 TiB 团簇的生成[8]。热处理可以降低团簇的数量,但势必造成晶须的长大;而降低反应物 TiB$_2$ 粉及 Ti 粉的粒径,或控制 SPS 的升温速率,既可以减少团簇的规模,也可以增加 TiB 的长径比,是较为理想的提高复合材料力学性能的方法。

4.2.3　晶须束

一般情况下,TiB/Ti 复合材料中的晶须都是随机分布的,并不是平行排列的。但有一部分晶须都并没有表现出很规则的六棱柱形貌,这种现象产生的原因有两个,其一是由于 TiB 台阶式的生长方式造成的,而另一个原因就是某些晶须是相互平行的细长晶须结合而形成的直径较大的晶须束。

在 TiB/Ti 复合材料的表面形貌观察中,会出现少量的相互平行的细长晶须组成的晶须束,而晶须束之间也会出现相互平行的情况。图 4.11 所示为晶须束的形貌,从图 4.11(a)可以看到大部分的 TiB 晶须都是不规则分布的,而在其中发现了一个大约 10μm × 10μm 的区域内的 TiB 晶须相互平行分布(图 4.11(b)),而且长径比较高,直径约为 0.5～1μm。将单个晶须放大,可以看到其实这些晶须是由直径非常小的相互平行的晶须紧密排列而成的晶须束(图 4.11(d)),这些细小晶须

121

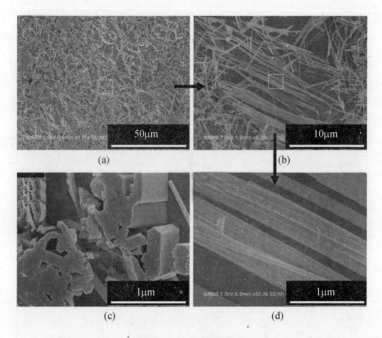

图 4.11　晶须束形貌

(a)TiB/Ti 复合材料中晶须的分布;(b)在 a 中方框部分的放大图像;
(c)晶须束横截面形貌;(d)在图(b)中方框部分的放大图像。

的直径约为 0.1μm,而长度都在 10μm 以上。图 4.11(c)为晶须的横截面形貌,可以看到一些晶须的横截面是由若干个不同大小的六边形组成,很明显它们都是由相互平行的细长晶须组成的,而且这些细长晶须的接触部分已经融合,说明在反应中晶须接触后边界经过了原子的重新排列而消失。而这种类型的晶须内部会填充 Ti 基体,形成类似中空管的结构。

　　这种现象在 TiB/Ti 复合材料的 TEM 观察中更为明显。图 4.12 为晶须束的 TEM 形貌。在扫描电镜所获得的形貌中只可以推断出这些晶须的横截面是由众多横截面为规则六边形的细长晶须构成的,而 TEM 观察则证明了这一点。在透射电镜中,一个晶须束中的晶须之间的晶界明显而平直,而且晶须的横截面都是由规则的六边形组成的。对它的 SAED 标定表明,晶须和 Ti 基体之间存在着一定的取向关系。所以 TiB 有可能在 Ti 的晶粒中沿着匹配度较高的固定晶向生长。

　　这种相互平行的晶须束在 TiB/Ti 复合材料中出现的概率并不大,但是它的发现证明了晶须与 Ti 基体之间确实存在取向关系,而在一个区域内出现了多个相互平行的晶须束,可以推断是由于这些晶须束是在同一个晶粒中形核并且长大,所以保持了相同的方向。而 Ti 基体的晶粒尺寸也在 40~80μm,恰好符合晶须束生长

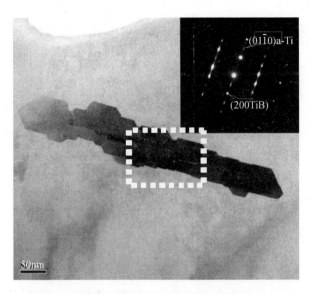

图 4.12　晶须束横截面的 TEM 明场像及其 SAED 标定

区域的面积。

　　为了对晶须与 Ti 基体间的位相关系进行进一步的研究,采用了高分辨透射电镜(HRTEM)对其中心的 α－Ti 区域和 TiB 的界面进行了观察,图 4.13 所示为图 4.12 中心区域白框所标出的 α－Ti 和 TiB 的界面位置的 HRTEM 像。对 TiB 和 α－Ti 的位相关系进一步进行了验证,结果表明,TiB 晶须束与晶须束内部的 α－Ti 有着严格对应的位相关系,其关系如下:

$$(001)TiB /\!/(0001)\alpha-Ti,(100)TiB /\!/(01\bar{1}0)\alpha-Ti,[010]TiB /\!/[\bar{2}110]\alpha-Ti$$

　　此结果也与图 4.12 所取得的 SAED 标定结果一致。(002)TiB 的晶面间距为 0.2280nm,(0002)α－Ti 的晶面间距为 0.234nm,二者的晶面间距错配度为 2.5%;而(200)TiB 的晶面间距为 0.306nm,(01$\bar{1}$0)α－Ti 的晶面间距为 0.2555,二者的晶面间距错配度为 16%;而(020)TiB 的晶面间距为 0.153nm,($\bar{2}$110)α－Ti 的晶面间距为 0.147nm,二者的晶面间距错配度为 3.9%。TiB/Ti 界面的错配度较低,而且(001)TiB 与(0001)α－Ti 形成半共格界面,这有利于降低在两相共晶反应过程中和 TiB 长大过程中的错配应力。

　　图 4.13 也表明该 TiB 晶须束外部的大块 Ti 晶粒与内部 Ti 晶粒的取向不同,可以推测,晶须束的生长优先消耗了大部分与其取向相同的 Ti 基体晶粒,而周围的 Ti 晶粒由于取向不同,错配度较高,所以不会被优先消耗。图 4.14 所示为 TiB 与 Ti 的界面以及 TiB 晶须之间界面的 HRTEM 图,此图也验证了 Ti 基体的消耗方式。在 TiB 晶须束外部虽然大片 α－Ti 区域与 TiB 晶须的取向不同,然而在 TiB

晶须之间的位置仍然可以看到一小片取向合适的 α‐Ti 基体区域,如图中靠上白框位置所示,可以推断这片区域与 TiB 晶须束内部的 α‐Ti 属于同一晶粒,是由于 TiB 的生长消耗了 Ti 晶粒并把两片区域分开。

图 4.13　晶须束横截面上 α‐Ti 与 TiB 界面的 HRTEM 像

（a）右下小图标注位置的 HRTEM 图；（b）图(a)中所标(b)位置的反傅里叶变换图像；
（c）图(a)中所标(c)位置的反傅里叶变换图像；（d）α‐Ti/TiB 界面的位相关系。

图 4.14 中也可以发现两个 TiB 晶粒的取向一致。两个 TiB 晶粒的界面处也有原子互相连接的现象,这是由于它们都与同一个 Ti 晶粒有相同的配合度。而随着反应的进行,TiB 晶粒接触后,部分晶界已经不很明显,如图 4.14 中靠下方的白框标记位置可以看到晶界融合的痕迹,由于 TiB 晶粒之间的取向一致,原子配合度高,晶界处的原子经过简单的移动后就可以重新形成规则的排列方式,从而联结在一起。

综上所述,整个晶须束的形成过程可以总结为图 4.15 所示的示意图,图中表

124

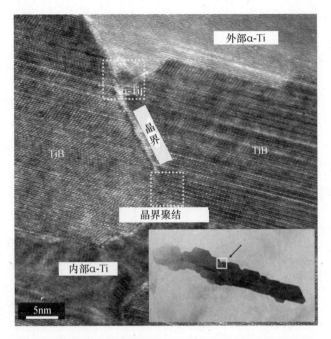

图 4.14 TiB 与 Ti 之间的界面以及 TiB 之间界面的 HRTEM 图

示的是晶须束的横截面。晶须束中最初的 TiB 晶须是游离的 B 原子进入 Ti 基体内部形核而成的,而 TiB 的长大,必然会消耗周围的 Ti 原子,造成 Ti 基体晶粒的不断减少;随着 TiB 的不断长大,使 TiB 之间发生接触,并最终通过原子重排连接到一起,使得部分边界消失。

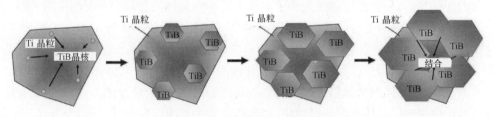

图 4.15 晶须束形成过程示意图(沿(010)面)

由于晶须束在 SPS 原位反应制备的 TiB/Ti 复合材料中出现的频率较低,所以对复合材料力学性能的贡献较少,但可以预见若存在大量相互平行的晶须束,会使材料的力学性能产生各向异性,在某个方向上性能达到最佳;晶须束的分布和结合也势必会影响其力学性能。已有研究采用挤压成型和热锻等方法,制造了晶须有序排列的 TiB/Ti 复合材料,其力学性能的测试结果非常理想;但由于其处理过程中会造成晶须的粗化和晶须的断裂,也会在一定程度上阻碍其力学性能的提高。所以控制 SPS 原位反应过程中晶须的排布形式对于提高复合材料的力学性能有着非常重要的意义。

4.2.4　空心管状结构

空心管状结构的 TiB 在多种制备方法中都会出现,例如,张虎等[9]以非自耗电弧炉制备的 TiB 增强 Ti 合金复合材料,Kooi 等[10]制备的高体积分数 TiB 增强 Ti 基复合材料等,是一种普遍的现象。而这种结构在 SPS 制备的 TiB/Ti 复合材料中也有少量存在,如图 4.16 所示。

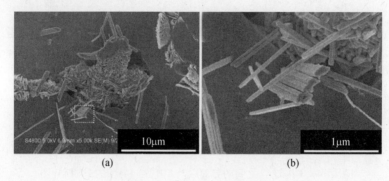

图 4.16　空心管状 TiB 形貌
(a) 发现空心管状 TiB 的位置;(b) 图(a)中白色标记位置的放大图。

通过 SPS 技术制备得到的 TiB/Ti 复合材料中 TiB 空心管的截面尺寸约为 0.3 μm,而壁厚约为 0.1 μm,并不是非常规则的六面棱柱形。这种结构可能与晶须束的连接闭合有关,也可能是受到了晶体生长不均匀性的影响。有研究指出,空心管 TiB 的晶须轴向也与[010]方向平行,而 TEM 分析也证明了这一点,如图 4.17 所示。

Kooi 和张虎等[9,10]研究发现,空心管状 TiB 中填充了 Ti 基体。根据晶体生长的基本理论,晶体的生长趋势和最终形貌是由结晶热力学、动力学条件和本身的晶体结构控制的。晶体在生长过程中,边缘部分的生长速度较快,这是由于角部效应使晶体边缘的热扩散和溶质扩散较快,使得这部分的动力学过冷度要比晶体在平面中心的过冷度大。张虎通过晶体生长固—液界面稳定性理论解释了其生长机制。Chernov 认为,界面过饱和度不均匀性与 $b(p)L/D$ 成正比。其中 $b(p)$ 为在一定过饱和度下的动力学系数,这决定于最容易生成台阶的位置,其中 L 为晶体尺寸。整个晶面的动力学过冷度最大,晶面的生长速度与最大过冷度相配合,边缘部分会先出现台阶,随后以速度 R 向晶面内部延伸。若 R/l 为常数(l 为台阶间距),

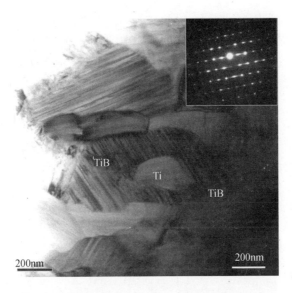

图 4.17 中空管状 TiB 的 TEM 形貌和 SAED 标定

则晶体生长界面上各点的生长速度都为 R，当生长速度较小时，晶体生长面会保持宏观平面，此时应满足如下关系：

$$\frac{Rr}{D_l} \leqslant -\frac{\Delta T}{m_l C_0 (1-k)} \tag{4.1}$$

式中：r 为棱面晶体的近似半径；D_l 为液相中溶质扩散系数；ΔT 为过冷度；m_l 为液相线斜率；k 为平衡系数。

由于晶体的生长使得晶体的半径增大，当生长速度 R 值和晶体半径 r 足够大时，上式将不成立。晶体半径达到临界值后，晶体会优先在棱边处生长，而由于 TiB 在 [010] 方向生长速度非常快，大大超过了其他几个方向，所以形成了空心管状，如图 4.18 所示。

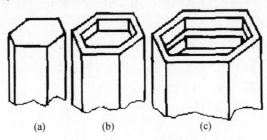

图 4.18 空心管状 TiB 晶体形成过程示意图

由于 SPS 的整个过程为固态烧结，虽然由于放电效应，可能微小的区域也会出现液—固转变过程,但区域很小、时间较短,而且 TiB 直接由 Ti 基体中析出,得到的 TiB 增强体大都直径较小,也就是说,[010]晶面的面积较小,在这种情况下极难形成大的扩散过冷,不容易形成空心管状。这与共晶转变中 β – Ti 与细小 TiB 晶须共同析出的性质类似。

4.3 TiB 晶体的形核和生长过程

4.3.1 TiB 与基体的取向关系

如前所述,TiB 晶须在 TiB/Ti 复合材料中的分布是无序的,而且通过对 TiB 与 Ti 基体的界面进行透射电镜观察和 SAED 标定,发现只有少数 TiB 晶体与其附近 Ti 基体之间存在位相关系,这可能是由于大多数晶须都是由 TiB_2 粉体颗粒向外放射状的生长,没有固定的生长方向。之前的研究成果只是观察到 TiB 与 Ti 基体之间存在位相关系,但是缺乏有力的实验证据。

而游离的 B 原子进入 Ti 晶粒内部形核生长而成的 TiB 与 Ti 基体晶粒存在固定的位相关系的可能性更大,晶须束的存在更证明了这种位相关系的存在。由于晶须束中每个 TiB 晶须都是单独形核长大,而且都是平行生长,可以推断出晶须束是游离的 B 原子扩散到 Ti 基体中形核长大而形成的,Ti 基体晶粒的晶面方向约束成为其平行生长的条件。

如4.2.3 小节中对 TiB 晶须束 HRTEM 的标定所示,TiB 晶须束与晶须束内部的 α – Ti 有着严格对应的位相关系,其关系如下:

$$(001)TiB // (0001)\alpha – Ti, (100)TiB // (01\bar{1}0)\alpha – Ti, [010] // [\bar{2}110]\alpha – Ti$$

图 4.19 为 TiB 与 α – Ti 的晶面匹配示意图,由于(001)TiB 与(0002)α – Ti 的错配度为 2.5% ,而(020)TiB 与($\bar{2}$110)α – Ti 的错配度为 3.9% ,可知 TiB/Ti 界面的错配度较低,而且(001)TiB 与(0001)α – Ti 形成半共格界面,有利于降低在两相共晶反应过程中和 TiB 长大过程中的错配应力。

在利用透射电镜对 TiB 的界面进行 SAED 标定和 HRTEM 标定的过程中,虽然也观察到了其他的模糊相位关系,但晶须束与夹杂在其中的 Ti 基体的相位关系更有说服力,说明晶须是从 α – Ti 的基体中生长出来的,而反应温度达到 α – β 相 Ti 的转变点时,α – Ti 与 TiB 则有可能在反应过程中共晶析出。

4.3.2 TiB 在 β – Ti 中的形核分析

如前所述,在反应温度达到 Ti 的相转变温度以上时,原位反应的过程转变为 TiB 在 β – Ti 中生成析出的过程。在第 3 章中,已经介绍了不同 SPS 温度下 TiB 的

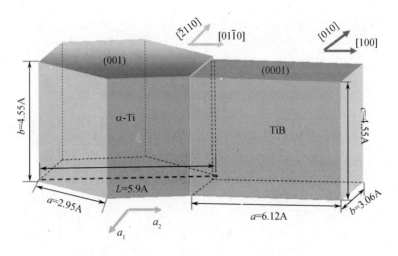

图 4.19　TiB 与 α–Ti 的晶面匹配示意图(1Å=0.1nm)

形貌特征,这种不同烧结温度下形貌特征的变化也与 Ti 的相转变有一定的关系。图 4.20 显示了不同 SPS 温度下复合材料中 TiB 的形貌。

在 650℃烧结时 TiB_2 与 Ti 颗粒接触边缘无明显 TiB 的生成,说明此烧结温度下反应还未进行。随着烧结温度的提高,当烧结温度为 750℃时,TiB_2 颗粒周围开始生成少量 TiB 晶须,在 850℃烧结时已经生成了尺寸较大的针状晶须,随着温度的进一步升高,生成的 TiB 晶须的尺寸也继续增长;在 950℃烧结时复合材料中基本看不到颗粒状 TiB_2 的存在,说明反应已经基本结束;烧结温度为 1050℃时,晶须尺寸达到最大。SEM 形貌观察结果显示 TiB 在基体中的生长最开始是以 TiB_2 颗粒为中心向四周生长出放射状的晶须,基本呈针状。这些晶须在径向和轴向同时生长,同时在 TiB_2 原来的位置形成 TiB 晶须的团簇。

很明显,在烧结温度为 850℃时,原位反应还未彻底进行,TiB_2 的残留量非常多,而在烧结温度为 950℃时,TiB/Ti 复合材料中已经看不到 TiB_2 颗粒,所以这两个烧结温度之间的反应速度是突然提高的。

结合 Ti–B 两相的反应相图进行分析,如图 4.21 所示,在 B 含量低于 50% 的情况下,Ti 的 α–β 相转变温度为 884±2℃,可以推测,在烧结温度为 850℃时,虽然有放电效应产生的局部高温的影响,压坯中的原位反应大多还是在 α–Ti 与 TiB_2 之间进行,而当烧结温度提高到 950℃后,原位反应转而在 β–Ti 与 TiB_2 之间进行,而反应速度的提高,原因之一是温度的升高提高了原子活性;而 α–Ti 转变为 β–Ti 也是另外一个重要因素。P. Mogilevsky 通过在制备 TiB 沉积层的过程中对不同温度下原位生成的 TiB 层厚度进行比较,也认为 β–Ti 基体中的 TiB 晶体生长速度相较于 α–Ti 要快得多。

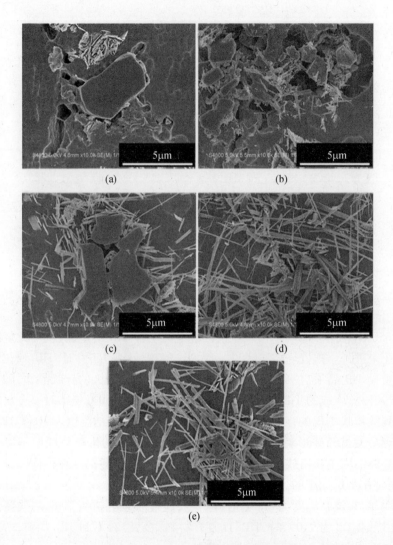

图 4.20　不同 SPS 温度下的 TiB 形貌

(a) 650℃；(b)750℃；(c) 850℃；(d) 950℃；(e)1050℃。

Lonardelli 等[12]的研究显示：变形或者再结晶 β 相在向相转变的过程中会遵循以下的 Burgers 位相关系：

$\{0001\}\alpha - Ti /\!/ \{110\}\beta - Ti$；$<11\bar{2}0>\alpha - Ti /\!/ <\bar{1}11>\beta - Ti$

β - Ti 为面心立方结构，它与 α - Ti 的几何结构关系如图 4.22 所示。

而由已知的 TiB 与 α - Ti 的位相关系可知：

$(001)TiB /\!/ (0001)\alpha - Ti$；$(100)TiB /\!/ (01\bar{1}0)\alpha - Ti$；$[010]TiB /\!/ [\bar{2}110]\alpha - Ti$

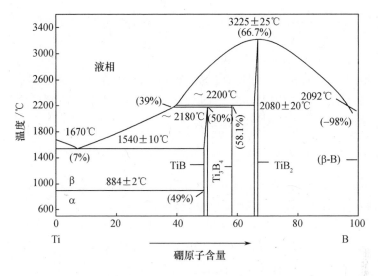

图 4.21 Ti – B 二元相图[11]

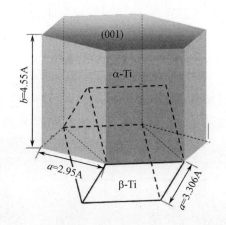

图 4.22 Ti 的相转变几何结构关系示意图

由此可以得到:

(001)TiB//(110)β – Ti,[010]TiB//[Ī11]β – Ti

这与冯海波等通过对加入 β 稳定元素后的 TiB/Ti – Fe – Mo 系复合材料中观察得到的 TiB 与 β – Ti 的取向关系一致,也与 Li 在采用热压法制备的 TiBw/Ti – 6Al – 4V 复合材料中观察到的 TiB 与 β – Ti 的三种取相关系之一相同。

为了减少晶格畸变,TiB 在成核和长大过程中会优先在基体晶格匹配较好的方向生长,由此可以推断,上述取向关系在 TiB/Ti 复合材料中可能广泛存在。(002)TiB 的晶面间距为 0.2280nm,(110)β – Ti 的晶面间距为 0.2338nm,二者的

131

晶面间距的错配度仅为2.5%,这是 TiB 的所有低指数晶面中与 β－Ti 的晶面间距错配度最低的一组晶面。由于 TiB 在[010]方向的生长速度远高于其他方向,因此 TiB 将优先在平行于 β－Ti 的(110)面的方向上首先形核生成(001)面。此后,随着 B 原子向 β－Ti 基体内的不断扩散,而由(100)面在[010]方向上的不断扩展和在[100]方向不断叠加长大。由于 TiB 在[100]方向上与 β－Ti 的错配度较高,不容易形成固定的原子排列方式,所以其生长方式非常复杂。

4.3.3　TiB 的生长方式

如前所述,TiB 是由(001)面在[010]方向上的不断扩展和在[001]方向不断叠加长大形成的,(001)面的原子排布也较为规则,而 TiB 在[001]方向上与 β－Ti 的原子排布配合度较差,所以原子的排列会产生缺陷。一般情况下,TiB 晶体中的原子排列以形成缺陷的形式来减少晶格畸变能。而研究 TiB 中原子的堆叠过程可以选择晶须的横截面也就是(010)面来进行观察分析。

如图 4.23 所示,TiB 晶须内部的原子排列并不是非常有序,而是存在大量的缺陷。由于原子堆叠方式的多样性,可以观察到大量的平行于(100)面的层错,而且某些部分会观察到由于(100)面原子排列的不匹配而形成的位错,这些位错大多沿着[101]和[10$\bar{1}$]方向延伸,而且界面处的位错与层错出现的位置交汇,说明这些位错的出现可能和 TiB 的快速生长过程中层错的形成有关。而在一些 TiB 与 Ti 基体的界面处可以看到界面并不平直,而是有若干个凸起的小台阶,每个台阶状突起的高度也各不相同。这主要是由于在(100)面的堆叠过程中平面上的不同

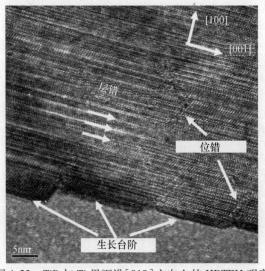

图 4.23　TiB 与 Ti 界面沿[010]方向上的 HRTEM 观察

位置同时生成了 TiB 造成的。

图 4.24 显示了 TiB 的(100)层堆叠生长过程,位错的形成也可以用此图来解释。如前所述,TiB 的生长过程是(100)层向[010]和[001]方向的扩展和[100]方向的堆叠排列而形成的。由于 TiB 沿着[100]方向原子堆叠排列的复杂性,而且其与 Ti 基体的匹配度较低,所以需要在[100]方向上通过改变排列方式来减小错配度,也就形成了平行于(100)面的层错。在(100)面的不同位置同时开始堆叠的小台阶上的层错的排列方式各不相同,所以其堆叠速度也不相同,造成了这些小台阶高度的差异。而台阶状突起的生长必然会导致台阶之间的联结形成新的完整(100)TiB 面,在联结的界面处由于原子排列的不匹配必然将形成位错。

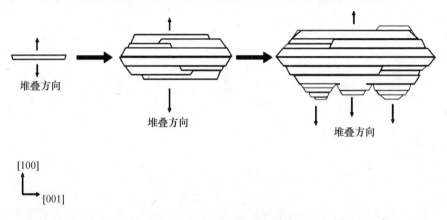

图 4.24   TiB 的堆叠过程示意图

4.4   TiB 晶体中的缺陷

TiB 晶体中的缺陷不仅是层错,而且还有由于不同层错的面堆叠台阶结合而产生的位错。如前所述,TiB 生长是依靠(100)面在[010]和[100]方向上的扩展和[001]方向上的堆叠完成的。而在(100)面的堆叠过程中,由于 TiB 与 Ti 基体结构的不匹配性,为了减少原位反应过程中的晶格畸变能,TiB 晶体中将不可避免地出现缺陷。本节将对 TiB 晶体中的缺陷进行观察,并结合 TiB 的晶体结构特点,对 TiB 中缺陷的形成机制进行分析。

4.4.1   TiB 中层错的形成分析

通过对 TiB 的结构表征,建立了 TiB 晶体的原子排列示意图,如图 4.25 所示。可知 TiB 晶体可以看做有一个中心硼原子的三棱柱结构堆叠而成,B 原子在每个

堆叠单元中形成 Z 字单链。而从[010]方向来看,如图4.26(a)、(b)所示每个由三棱柱堆叠而成的六面体单元可以看做中心有两个B原子的长方形单元,此长方形单元并不是与坐标轴呈垂直或者平行的关系,而是与坐标轴呈两种不同的角度。如图4.26(c)所示,正常情况下,TiB中六面体单元的排列方式为在[001]方向平行排列,而在[100]方向,两种不同角度的六面体单元(a)和(b)共用一个棱边并形成41.5°的夹角(图4.26(c)),而这两种单元的组合排列就形成了TiB的晶体结构,如图4.26(d)所示。

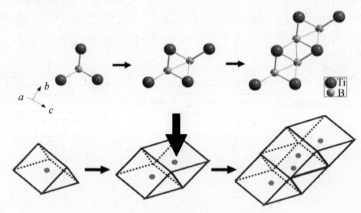

图4.25 TiB的结构和堆叠方式

很明显,每一个TiB排列单元在[010]方向上分为两层,每层由一个B原子和两个Ti原子组成,如图4.27所示,这两层的层高分别为 $0.25b$ 和 $0.75b$,分别以黑色原子和白色原子来区分。

如前所述,TiB晶体的层错都平行于(100)面,贯穿整个晶体内部。在层错的形成过程中,必须保持Ti原子和B原子的原子比仍然为1:1,而且Ti-Ti键、Ti-B键、B-B键的结合方式不变,根据能量最低原则,在平行于(100)面的方向上可以插入上文提到的一排A单元或者B单元,使其在[100]方向上的排列由正常的ABAB变为A(BB)A或者B(AA)B方式,如图4.28所示,而其在[010]方向上的排列并没有变化。这就形成了最简单的层错。通过计算,可以得到在同一(010)面上,A单元中在[100]方向上两个Ti原子的坐标差为 $-0.5a+0.254c$,B单元在[100]方向的两个Ti原子坐标差为 $-0.5a-0.254c$,如图4.29所示可以计算得到层错排列中Ti原子的位移差,层错排列ABBA相当于层错中Ti原子平移了 $-0.508c$ 的距离,而BAAB中层错的Ti原子平移了 $0.508c$ 的距离。当然,A单元和B单元也可以在[100]方向上多次重复插入,排列方式可以为A(nB)A或者B(nA)B的形式,n 为重叠的单元数。这种TiB晶体结构为Bf结构。相对于TiB

134

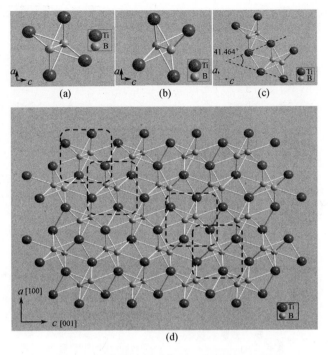

图 4.26　TiB 排列单元在[010]方向的示意图

（a）排列单元 A；（b）排列单元 B；（c）AB 单元的连接；（d）单元排列示意图。

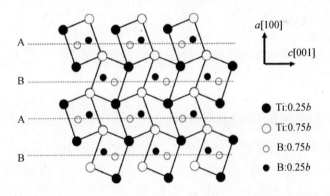

图 4.27　TiB 中 Ti 原子与 B 原子在 b 方向即[010]方向上的坐标示意图

稳定结构 B27，Bf 只是一种亚稳定结构，并且可以通过热处理等方式使其转变为
B27 结构。而在 TiB 中 Bf 结构大多作为一种降低错配度的方式来出现。

图 4.30 所示为 TiB 中层错的 HRTEM 观察和其在[010]面上的原子投影示意
图，图中（b）和（c）所示分别为 n 个 A 单元层错和 n 个 B 单元层错，说明两种层错
可以同时出现，并且多次重叠。而两种重叠结构之间也可以直接连接，形成复杂层

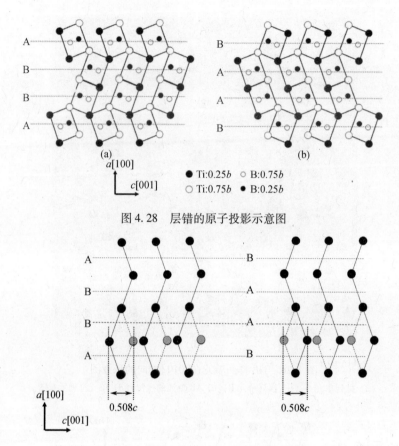

图 4.28　层错的原子投影示意图

图 4.29　层错中 Ti 原子位移的投影示意图

错结构,如图 4.31 所示。

4.4.2　TiB 中位错的形成分析

如 4.3.3 节所述,TiB 在生长过程中,可能在平行于(100)平面的 TiB 与 Ti 基体的界面上不同位置同时开始形核生长出小台阶,然后台阶长大后融合形成新的(100)面,而依据 4.3 的分析可以得出结论,TiB 在(100)面的堆叠过程中,会出现各种形式的层错,而层错的出现和堆叠形式是随机的,并没有规律性,所以新生台阶的生长速度会有所不同。而当这些小台阶的边界接触融合时,由于他们的原子排列不同,就会在边界出现位错。

图 4.32 所示为 TiB 中位错的 HRTEM 像,图 4.32(a)为只有单层层错时出现的位错,经过一定的晶格畸变,在边界上基本实现了排列的有序化;图 4.32(b)为多层层错的台阶相互接触形成的位错,可以看到边界不清晰,原子的错配较严重。

136

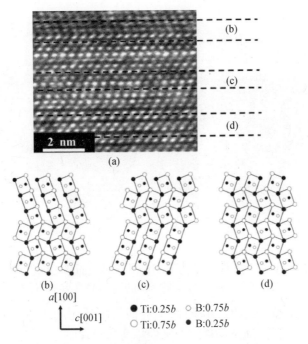

图 4.30 层错不同堆叠方式的高分辨像和其在[010]面上的原子投影示意图

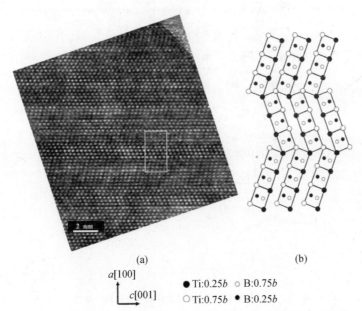

图 4.31 复杂层错的高分辨像和其在[010]面上的原子投影示意图
(a)高分辨像;(b)原子排列示意图。

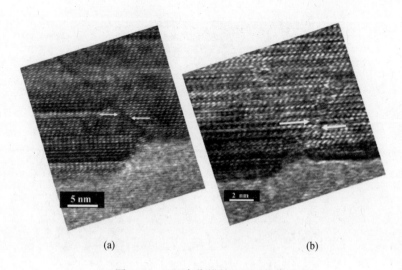

(a)   (b)

图 4.32　TiB 中位错的 HRTEM 像

（a）单层错引起的晶格畸变；（b）多层错排形成的位错。

而图 4.33 所示为位错的投影示意图,当界面接触时,由于原子的配合度较差会出现较大的空穴,而需要通过晶格畸变来使排列趋于有序。

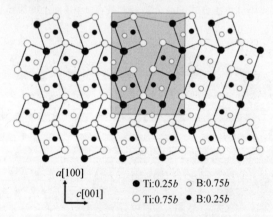

$a[100]$
$c[001]$

● Ti:0.25b　○ B:0.75b
○ Ti:0.75b　● B:0.25b

图 4.33　位错的投影示意图

参考文献

[1] 吕维洁,张小农,张荻,等. 原位合成 TiC 和 TiB 增强钛基复合材料的微观结构与力学性能[J]. 中国有色金属学报, 2000, 10(2):163 – 169.

[2] 毛小南,周廉,魏海荣,等. TiC 颗粒增强钛基复合材料的界面反应动力学[J]. 金属学报, 1999, 35(1): 339 – 343.

[3] Lu W J, Zhang D, Zhang X, et al. Microstructural characterization of TiB in in situ synthesized titanium matrix composites prepared by common casting technique[J]. Journal of alloys and compounds, 2001, 327(1): 240 – 247.

[4] Decker B F, Kasper J S. The crystal structure of TiB[J]. Acta Crystallographica, 1954, 7(1): 77 – 80.

[5] Fan Z, Guo Z X, Cantor B. The kinetics and mechanism of interfacial reaction in sigma fibre – reinforced Ti MMCs[J]. Composites Part A: Applied Science and Manufacturing, 1997, 28(2): 131 – 140.

[6] Hyman M E, McCullough C, Valencia J J, et al. Microstructure evolution in TiAl alloys with B additions: conventional solidification[J]. Metallurgical Transactions A, 1989, 20(9): 1847 – 1859.

[7] 吕维洁, 张荻. 原位合成钛基复合材料的制备、微结构及力学性能[M]. 北京: 高等教育出版社, 2005.

[8] Gorsse S, Miracle D B. Mechanical properties of Ti – 6Al – 4V/TiB composites with randomly oriented and aligned TiB reinforcements[J]. Acta Materialia, 2003, 51(9): 2427 – 2442.

[9] 金云学, 张虎. Ti – Al – B 合金中铝含量对硼化物的存在方式和动态的影响[J]. 材料科学与工艺, 2001, 9(3): 285 – 289.

[10] Kooi B J, Pei Y T, De Hosson J T M. The evolution of microstructure in a laser clad TiB – Ti composite coating[J]. Acta Materialia, 2003, 51(3): 831 – 845.

[11] Kumari S, Prasad N E, Malakondaiah G, et al. High – temperature deformation behavior of Ti – TiBw in – situ metal – matrix composites[J]. JOM, 2004, 56(5): 51 – 55.

[12] Lonardelli I, Gey N, Wenk H R, et al. In situ observation of texture evolution during α→β and β→α phase transformations in titanium alloys investigated by neutron diffraction[J]. Acta Materialia, 2007, 55(17): 5718 – 5727.

第5章 放电等离子烧结 TiB/Ti 复合材料的静态力学性能

Ti 基复合材料的力学性能取决于 Ti 基体的性能以及其增强体的增强效果。而增强体的增强效果不仅取决于增强体的性能,也与增强体和基体间的界面结合强度以及增强体的含量、形态等因素有关。原位反应制备的 Ti 基复合材料增强体和基体的界面结合良好,所以其增强体的增强效果优于外加法;SPS 技术具有升温速度快、烧结时间短的特点,使原位反应生成 TiB 增强体的尺寸更小、长径比更高;同时,TiB 增强体的尺寸也会受到 TiB 含量和烧结温度的影响。本章对不同 TiB 含量和不同 SPS 烧结温度条件下制得的 TiB/Ti 复合材料进行力学性能测试,分析 TiB 含量及烧结温度对 TiB/Ti 复合材料静态力学性能的影响规律,并对 TiB 尺寸对 TiB/Ti 复合材料的静态力学性能的影响规律进行分析。

5.1 TiB 含量对 TiB/Ti 复合材料微观组织和相对密度的影响规律

5.1.1 TiB 含量对 TiB/Ti 复合材料微观组织的影响规律

本节主要对不同 TiB 含量的 TiB/Ti 复合材料的力学性能进行测试,从而得到 TiB 晶须增强相含量对 TiB/Ti 复合材料力学性能的影响规律,并对这种规律出现的原因进行分析。实验选取的 TiB/Ti 复合材料中 TiB 的体积含量分别为 1%、3%、5%、10%、15%。

首先将不同质量比的混合粉体在 950℃温度下进行放电等离子烧结,并将烧结得到的试样进行 X 射线衍射分析,得到的衍射图谱见图 5.1。烧结温度为 950℃时,1～10vol.% TiB/Ti 试样的衍射图谱中都只有 Ti 相和 TiB 相的衍射特征峰,并无 TiB_2 相衍射峰,说明反应完全进行。但随着 TiB_2 含量的增加,在 15vol.% TiB/Ti 试样的衍射图谱中出现了 TiB_2 相的衍射峰,表明在 950℃下,15vol.% TiB/Ti 复合材料的混合粉末并未反应完全,这说明随着 TiB_2 含量的增加,完全反应所需要的能量更高。同时还可以看出,随着 TiB_2 含量的增加,TiB 相的衍射峰强度也逐渐增强,这表明 TiB 相在烧结体中的含量随着 TiB$_2$ 体积分数的增加而增加。

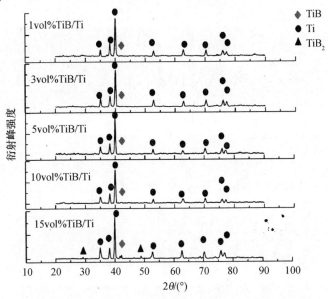

图 5.1　950℃烧结得到的具有不同 TiB 体积分数的复合材料的 XRD 衍射图谱

不同 TiB 含量的 TiB/Ti 复合材料的微观组织形貌如图 5.2 所示。由图 5.2
(a)可知,由纯钛粉在 950℃烧结后得到了致密的金属材料,而且具有清晰的晶界。
随着 TiB$_2$ 颗粒的加入,材料反应生成了 TiB 晶须,而且晶须含量的增加可以直观地
在 SEM 图上显示出来,如图 5.2(b)~(f)所示。图中可以观察到 TiB 的长径比较
高,在复合材料中互相交叉呈立体网状分布。随着 TiB 含量的增加,晶须开始出现
团聚现象而且越来越明显。在 Ti 颗粒与 TiB$_2$ 界面位置处反应生成的 TiB 的密度
最高。随着 TiB 含量的提高,原位反应进行过程中,TiB$_2$ 颗粒中 B 原子的迁移速度
受到颗粒外层生成的 TiB 产物的影响,难于迁移到更远的 Ti 基体的内部,因此容
易在界面处形成新的 TiB 晶体;而且越来越厚的 TiB 产物层使内部的 TiB$_2$ 不能与
Ti 颗粒直接接触迅速反应,只能与少量的通过扩散进入的 Ti 原子发生反应,所以
这种团聚的趋势越来越明显。而在晶须含量高于 10vol.% 后,不仅团聚的现象较
为明显,而且晶须的尺寸也比之前具有较低 TiB 含量的复合材料大许多。结合先
前的 XRD 分析图谱,可知 TiB 含量为 15vol.% 的复合材料尚未在此温度下反应完
全,其中晶须的数量也相对较少。

如前所述,为了使 TiB 含量为 15vol.% 的复合材料的原位反应彻底进行,需要
提高 SPS 温度。我们采用了 950℃、1100℃ 以及 1250℃ 3 种烧结温度,并分别进行

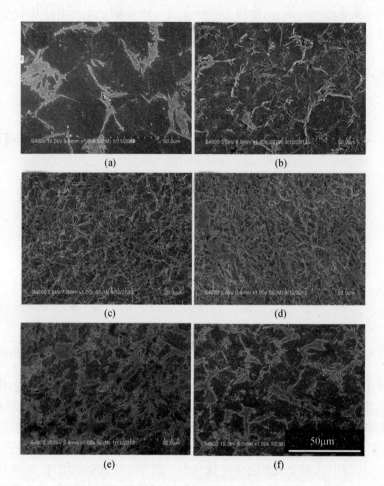

图 5.2　不同混合粉体在 950℃ 条件下烧结得到的试样表面微观组织形貌

(a)100vol. % Ti；(b)1vol. % TiB/Ti；(c)3vol. % TiB/Ti；

(d)5vol. % TiB/Ti；(e)10vol. % TiB/Ti；(f)15vol. % TiB/Ti。

XRD 分析以确定反应情况。图 5.3 是不同烧结温度下制备的 15vol. % TiB/Ti 复合材料的 XRD 图谱，在烧结温度为 950℃ 的试样的衍射图谱中同时存在 Ti 相、TiB 相和 TiB$_2$ 相的衍射峰，说明在该温度时 Ti 粉和 TiB$_2$ 粉之间已经开始进行反应，但反应不完全，只能部分生成 TiB。随着烧结温度的升高，1100℃ 和 1250℃ 烧结的试样的衍射图谱都只能观察到 Ti 相和 TiB 相的衍射特征峰，没有发现 TiB$_2$ 相的特征峰，这表明原位反应进行完全，所有的 TiB$_2$ 全部转化为 TiB。

图 5.4 是三种烧结温度下制备的 3vol. % TiB 复合材料的微观组织形貌。TiB 晶须随机分布在基体中，而且随着烧结温度的提高，晶须的尺寸有了明显的增大。

142

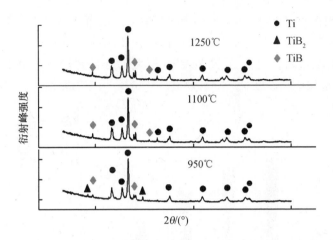

图 5.3　不同 SPS 温度下制备的 15vol.% TiB/Ti 复合材料的 XRD 图谱

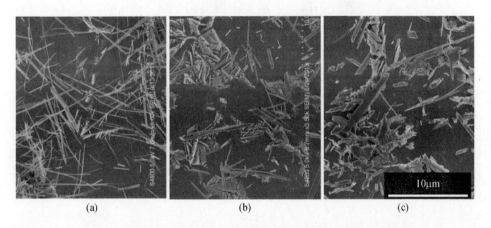

图 5.4　不同 SPS 温度条件下 3% TiB/Ti 复合材料的微观组织形貌
(a) 950℃；(b) 1100℃；(c) 1250℃。

由于在 TiB 的体积分数不变的情况下,材料中的 TiB 晶须的单根体积逐渐增大,导致 TiB 晶须的数量下降。

5.1.2　TiB 含量对 TiB/Ti 复合材料相对密度的影响规律

图 5.5 为不同烧结温度条件下 TiB/Ti 复合材料的相对密度随 TiB 含量的变化规律。从中可以看出,复合材料的相对密度随烧结温度的升高而显著提高,这符合烧结的一般规律。当烧结温度为 950℃时,TiB 含量低于 5vol.% 的复合材料的相对密度达到了 98% 以上,而 10vol.% 和 15vol.% TiB 含量的复合材料的相对密

143

度却低于97%,这将对其力学性能产生较大影响。在1250℃烧结时所有复合材料的相对密度均在99%以上。随着 TiB 含量的提高,每个烧结温度下 TiB/Ti 复合材料的相对密度都有明显的降低。这主要是由于 TiB₂ 陶瓷颗粒相对金属 Ti 颗粒而言比较难于烧结致密,而且生成较多的 TiB 需要更多的热量。由此可见,在烧结过程中,TiB₂含量和烧结温度是影响复合材料致密度的重要因素。

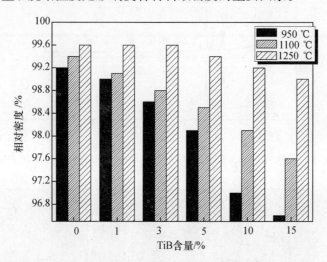

图 5.5 不同烧结温度条件下 TiB/Ti 复合材料的相对密度

从以上实验结果可以看到,在较低的烧结温度下,SPS 基本实现了 TiB/Ti 复合材料的致密化。这是由于在 SPS 过程中,粉体表面容易活化,受脉冲电流加热和垂直单向压力作用,体扩散与晶界扩散都得到了加强,加速了材料烧结致密化的过程,因此采用比较低的温度和较短的烧结时间就可以得到高质量的烧结体。

5.2 TiB/Ti 复合材料的硬度

对 3 种不同烧结温度条件下 6 种不同 TiB 含量的复合材料进行硬度测试,测试结果如图 5.6 所示。随着 TiB 含量的提高,3 种烧结温度制得的复合材料的洛氏硬度都在增大,由最初纯钛的 23HRC(950℃),25HRC(1100℃),25HRC(1250℃)增大到 15vol.% TiB 的 41.2HRC(950℃),50.3HRC(950℃),53.1HRC(950℃),而且增大的趋势大致相同。从图中可以看出,TiB 的加入对 Ti 金属基体的硬度有很大的改善作用;但随着 TiB 含量的增加,复合材料硬度增加的趋势开始放缓,当 TiB 晶须的体积含量为 1% 时增强作用最为显著。如前所述,这与原位反应的进行程

144

度和晶须的尺寸有关。由于低含量的 TiB_2 经过了充分的反应,反应中 B 原子由于较高的浓度差更容易充分地扩散,生成较高长径比的晶须,从而使晶须的增强效率相对较高。TiB 体积含量为 10% 和 15% 的 TiB/Ti 复合材料在烧结温度为 950℃ 时的硬度明显要低于 1100℃ 和 1250℃ 时复合材料的硬度,这是由于 TiB_2 加入量的增加使复合材料在 950℃ 时的相对密度较低而导致的。当 TiB 的含量高于 3vol. %后,在 1100℃ 和 1250℃ 条件下烧结时,复合材料的硬度基本上呈线性增大的趋势。

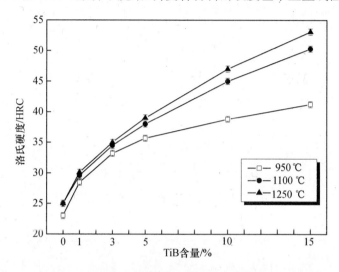

图 5.6　不同 TiB 含量条件下 TiB/Ti 复合材料的硬度

5.3　TiB/Ti 复合材料的静态拉伸性能

5.3.1　TiB/Ti 复合材料的抗拉强度和弹性模量

图 5.7 显示了不同烧结温度下复合材料的抗拉强度随 TiB 含量的变化规律。复合材料的抗拉强度最高为 1022MPa,相对于 TC4 钛合金而言(抗拉强度 895MPa),提高了 14%,而其弹性模量并没有太大提高。从图中看到,无论烧结温度为 950℃,1100℃ 或者 1250℃ 时,复合材料的抗拉强度随 TiB 含量的变化都会出现一个峰值。值得注意的是,在 950℃ 烧结时 3vol. % TiB/Ti 复合材料的强度最高,强度为 1022MPa,而在 1100℃ 和 1250℃ 烧结时 10vol. % TiB/Ti 复合材料的强度最高,分别为 935MPa 和 766MPa,后两者都低于烧结温度为 950℃ 时 3vol. % TiB/Ti 复合材料的抗拉强度。这种现象是多种因素导致的。首先结合复合材料的相对密度来看,烧结温度为 950℃ 时,复合材料的相对密度不高,TiB 含量大于

145

10vol.%的复合材料相对密度都低于97%,这时相对密度是影响复合材料力学性能的主要因素,所以此时具有较高 TiB 含量的复合材料的抗拉强度低于具有较低 TiB 含量的复合材料的抗拉强度。而随着烧结温度的升高,复合材料接近完全致密,这时材料的微观组织结构成为影响复合材料力学性能的主要因素。如前所述,随着烧结温度的升高,复合材料中晶须的尺寸增大,长径比降低,因此对复合材料的增强效果减弱。

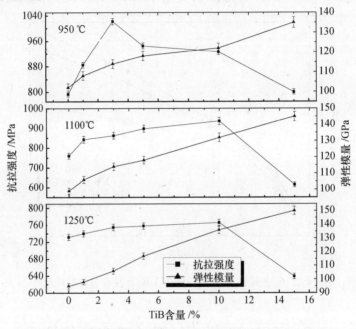

图 5.7　不同烧结温度条件下 TiB/Ti 复合材料的抗拉强度和
杨氏模量随 TiB 含量的变化规律

从微观角度来说,弹性模量是原子、离子或分子之间键合强度的反映。而就总体而言,金属材料的弹性模量是一个对组织不敏感的力学性能指标,金属基复合材料也继承了这个特点[1]。与抗拉强度的变化规律不同,TiB/Ti 复合材料的弹性模量随着 TiB 含量的增大而呈现持续增大的趋势,随着 TiB 含量的提高,材料的弹性模量由纯钛的 102GPa 提高到 15vol.% TiB 的 135GPa,这主要是由于 TiB 的弹性模量远远超过纯钛的弹性模量,所以复合材料中 TiB 的含量越高,其弹性模量越大。而随着温度的提高,Ti 基体的晶粒长大,使得 Ti 基体的抗拉强度有所降低;而随着 TiB 含量的升高,材料的弹性模量提高很快。15vol.% TiB 复合材料的弹性模量已经由 950℃时的 135GPa 提高到 1250℃时的 150GPa,这也主要与材料相对密度的提高有关。

5.3.2 TiB/Ti 复合材料的断面收缩率和断后伸长率

断面收缩率和断后延伸率是材料塑性的重要指标。图 5.8 显示了 3vol. % TiB/Ti 复合材料的断后延伸率和断面收缩率随烧结温度的变化规律。由图可知，加入 TiB 增强相后复合材料的延伸率有所下降。而且复合材料的断后延伸率和断面收缩率都随着烧结温度的升高而降低，其中断后延伸率由 2.5% 降低到 0.6%，断面收缩率由 3.0% 降低到 0.5%，这与复合材料的抗拉强度随烧结温度的变化相对应，说明烧结温度提高之后的晶须长大降低了增强相的增强效果。

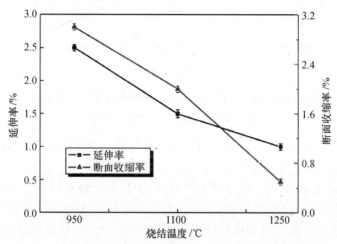

图 5.8　3vol. % TiB/Ti 复合材料断后延伸率和断面收缩率随 SPS 温度的变化规律

图 5.9 为烧结温度为 950℃ 下复合材料的断后延伸率和断面收缩率随 TiB 含量的变化规律。可以发现，复合材料的断后延伸率和断面收缩率都随 TiB 体积分数的升高逐渐降低。大量的实验和前人的研究结果都表明，金属基复合材料中陶瓷含量的提高会降低复合材料的塑性。所以 TiB 体积分数增加导致其陶瓷特性增加，必然会导致复合材料塑性降低。其次 TiB 晶须团聚体积也会随着 TiB 含量的增大而增加，这也会使复合材料的塑性降低。因此在这两个因素的共同作用下，TiB/Ti 复合材料的塑性随着 TiB 体积分数的增加而降低。

5.3.3　晶须的断裂临界长径比

原位自生 TiB 晶须增强复合材料的力学性能相对基体有较大的提高，而且即使相对于 TC4 钛合金，也有很多性能上的优势。Kelly 指出，由于基体和增强体之间的载荷传递作用，对于复合材料中的晶须增强相，增强的效果由晶须的长

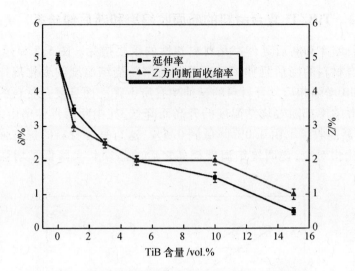

图 5.9　烧结温度为 950℃时复合材料的断后延伸率和
断面收缩率随 TiB 含量的变化规律

径比决定。不连续晶须的增强作用是通过基体和纤维的界面剪切力传递到晶须中承担载荷实现的,而高的剪切应力首先在晶须尖端产生,塑性流动也会在此处首先产生。若是流动应力经过整个晶须,由于晶须受到界面剪切力的约束,距离晶须尖端越远的部分承担的载荷越大,当晶须的长径比足够高时,晶须会更容易断裂,这种情况下晶须对基体的增强效果更有利。Kelly 理论可以由下述公式来表述:

$$\frac{L_c}{d} = \frac{\sigma_f}{2\tau_i} \qquad (5.1)$$

式中:L_c,d,σ_f,τ_i 分别为晶须增强体的长度、直径、抗拉强度以及界面剪切强度。在界面强度足够高的假设前提下,复合材料的界面剪切强度可以用基体的剪切强度来代替。

如前所述,原位反应生成的 TiB 与 Ti 基体的界面结合良好,因此代入 950℃烧结时基体的屈服强度为 793MPa 和晶须的抗拉强度为 3500MPa,则晶须的断裂临界长径比为

$$\frac{L_c}{d} = 2.21 \qquad (5.2)$$

如前所述,通过统计晶须的直径和长径比的方法来确定晶须的尺寸分布,取烧结温度为 950℃时 TiB 含量为 1vol.%,3vol.% 和 5vol.% 3 种增强效果较好的复合材料进行统计,统计结果见图 5.10 和图 5.11。随着 TiB 含量的增加,TiB 晶须尺

寸的不均匀化程度增加。由图可知,1vol.% TiB/Ti 复合材料中 TiB 晶须的直径相对比较均匀,表现为峰的形状较尖,而且分布范围相对较小,晶须平均直径在0.18μm 左右,分布的范围在 0.04~0.47μm。3vol.% TiB/Ti 和 5vol.% TiB/Ti 的复合材料中晶须的直径和长径比分布范围变宽,晶须的平均长径比由 1vol.% TiB/Ti 时的 82 降低到 5vol.% TiB/Ti 时的 29,晶须最高长径比在 1vol.% TiB/Ti 复合材料中达到了 100 以上,而在 5vol.% TiB/Ti 复合材料中晶须最高长径比只有 60左右。

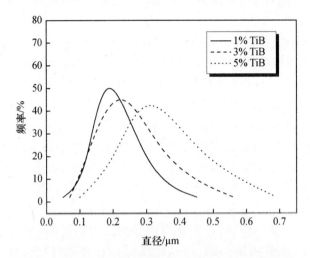

图 5.10　不同 TiB 含量复合材料中 TiB 直径的分布规律

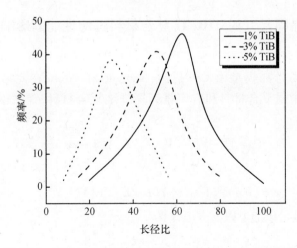

图 5.11　不同 TiB 含量复合材料中 TiB 长径比的分布规律

通过对晶须长径比的统计分析可知,复合材料中的晶须长径比远远大于根据

Kelly 理论计算得到的断裂临界长径比,所以具有很强的增强效果。这在图 5.12 中复合材料的拉伸断口上得到了验证。

图 5.12 所示为不同 TiB 含量的 TiB/Ti 复合材料的拉伸断口形貌。从中可以看出,复合材料的断裂方式主要为脆性解理断裂。断口由 3 种断裂模式组成:Ti 基体的准解理断裂,TiB 晶须的断裂以及 TiB 晶须与 Ti 基体的分离,裂纹首先在晶须增强体中产生,并且扩展到 Ti 基体中导致材料的失效断裂。随着 TiB 体积分数的增加,断口中韧窝数量逐渐减少,TiB 晶须的断裂及 TiB 晶须与 Ti 基体的界面分离比例都不断增加。

若不考虑复合材料密度的影响以及晶须的团聚效应,TiB/Ti 复合材料的强度应该随 TiB 晶须体积含量的增加而持续增大。然而,图 5.5 显示,TiB 含量的提高会引起 TiB/Ti 复合材料相对密度的降低;另外,随着 TiB 含量的提高,TiB 晶须的平均长径比也会降低,TiB 晶须之间更易出现团聚现象。复合材料相对密度的降低会对复合材料的强度和塑性都产生不利影响,而 TiB 团聚会使界面脱黏的比例增大,导致复合材料在加载过程中在团聚处首先形成微裂纹,从而降低了复合材料的力学性能。因此,在这几种因素的共同作用下,TiB/Ti 复合材料的力学性能随着 TiB 含量的提高呈现先升高后降低的变化趋势,而拉伸断口上准解理断裂的特征明显。如图 5.12(e) ~ (f) 所示,TiB 晶须含量较低时,断口形貌表现出的较多的塑性断裂特征,可以明显观察的到晶须拔出的孔洞。而在较高的 TiB 体积分数下,TiB 晶须的团聚加剧、长径比降低是复合材料抗拉强度下降的重要原因。

5.3.4 晶须尺寸对 TiB/Ti 复合材料拉伸性能的影响规律

TiB 晶须对复合材料抗拉强度和弹性模量的影响可以通过剪切延滞模型来进行预测。剪切延滞模型由 Cox 提出,Nardone 和 Prewo 在此后对其进行了改进。对于颗粒增强复合材料和有序排列短纤维复合材料,弹性模量可以通过下式计算:

$$E_c/E_m = (1 - V_w) + V_w(E_w/E_m)[1 - \tanh(x)/x] \tag{5.3}$$

其中

$$x = (l/d)[(1 + (\nu_m)(E_w/E_m)\ln(V_w)^{-1/2}]^{-1/2} \tag{5.4}$$

而屈服强度可以通过以下方程计算:

$$\sigma_{yc}/\sigma_{ym} = 0.5V_w(2 + l/d) + (1 - V_w) \tag{5.5}$$

式中:E_m,E_w 和 E_c 分别为基体、晶须和复合材料的弹性模量;V_w 为晶须增强相的体积比;ν_m 为基体的泊松比;σ_{yc} 和 σ_{ym} 分别为复合材料和基体的屈服强度;l/d 为晶须

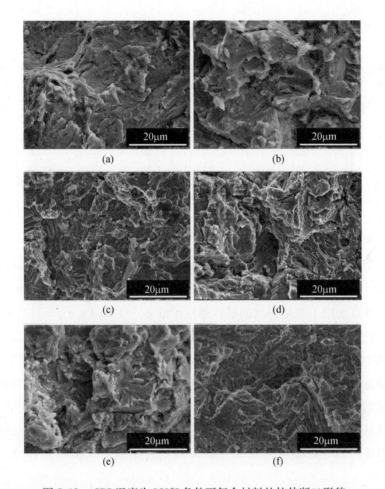

图 5. 12　SPS 温度为 950℃ 条件下复合材料的拉伸断口形貌

（a）纯钛；（b）1vol.% TiB；（c）3vol.% TiB；（d）5vol.% TiB；（e）10vol.% TiB；（f）15vol.% TiB。

的长径比（长度与直径的比值）。

　　此模型是针对理想情况下有序排列的短纤维增强复合材料进行计算，拉伸方向上晶须的长径比在模型中是主要的影响因素。理想情况下，在拉伸载荷的作用下晶须随机分布的 TiB 增强钛基复合材料的有效长径比，为实际晶须长径比的 1/2。因此将晶须随机分布的晶须增强复合材料的剪切滞后模型修正为

$$E_c/E_m = (1 - V_w) + V_w(E_w/E_m)[1 - \tanh(x)/x] \tag{5.6}$$

　　其中：

$$x = (l/2d)[(1 + (\nu_m)(E_w/E_m)ln(V_w)^{-1/2}]^{-1/2} \tag{5.7}$$

151

弹性模量:

$$6_{yc}/6_{ym} = 0.5V_w(2 + l/2d) + (1 - V_w) \qquad (5.8)$$

表 5.1   理论屈服强度和杨氏模量与实际测量值的比较

TiB 体积百分比/(vol. %)	平均直径/μm	平均长径比	杨氏模量			屈服应力		
			测试值 E_c/Gpa	计算值 E_c/Gpa	误差	测试值 6_{yc}/MPa	计算值 6_{yc}/MPa	误差
1	0.18	82	107.01	108.31	1.21%	822.11	857.96	4.3%
3	0.22	52	112.10	114.79	2.40%	956.21	989.30	3%
5	0.30	29	119.05	116.55	2.10%	949.02	970	2.2%

由于 TiB 与钛基体材料的密度相近(TiB 密度为 4.52g/cm³, Ti 基体的密度为 4.54g/cm³), 所以 TiB 的体积比也可以用质量比来近似代替。理论屈服强度和弹性模量的计算采用了测量得到的基体弹性模量 $E_m = 105$GPa, $6_{ym} = 712$MPa 和基于 Gorss 研究基础上的 $E_w = 480$GPa。计算得到的理论屈服强度和弹性模量都列在表 5.1 中, 并与实际测量的值进行了比较。

剪切延滞模型认为, 复合材料的拉伸性能受到晶须增强相的体积和长径比两个因素的影响。从表 5.1 可以看到, 理论值与实际测量的结果非常接近, 特别是弹性模量的最大误差仅为 2.4%, 而屈服强度的最大误差为 4.3%。结果表明, 剪切延滞模型经过修正后也可以用来预测晶须增强相随机分布的复合材料的拉伸性能。

为了更形象地表现剪切延滞模型所描述的材料拉伸性能受晶须长径比和加入量的影响, 以晶须含量为 1vol. %、3vol. %、5vol. % 3 种复合材料的长径比为例, 显示在图 5.13 中。可以发现在剪切延滞模型中固定长径比的 TiB/Ti 复合材料弹性模量和屈服强度都随 TiB 含量的增加呈线性增长。由图 5.13(a)中弹性模量的变化趋势可知, 复合材料的弹性模量受长径比的影响非常小, 而这种影响随着晶须含量的提高而逐渐增大。这与之前得到的结果相符, 是由于 TiB 的弹性模量远大于 Ti 基体弹性模量而导致的结果。屈服强度受长径比的影响较大, 说明 TiB 的增强效果很大程度上与晶须长径比相关。图中的测量值都要略小于理论值, 可以推测这是由于 TiB/Ti 复合材料中晶须的团聚造成的。

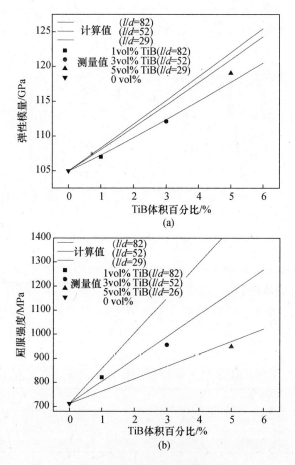

图 5.13　TiB/Ti 复合材料弹性模量及屈服强度的测量值与计算值

（a）弹性模量；（b）屈服强度。

5.4　TiB/Ti 复合材料的静态压缩力学性能

5.4.1　TiB 含量对 TiB/Ti 复合材料压缩性能的影响规律

通过对复合材料的静态拉伸性能进行测试，确定烧结温度在 950℃时材料的力学性能较好。本节选取 950℃烧结的不同 TiB 含量的复合材料进行准静态压缩性能测试，应变率为 $0.001s^{-1}$。

图 5.14 和表 5.2 分别是 TiB/Ti 复合材料的真实应力—应变曲线和屈服强度。随着 TiB 体积分数的增加，复合材料的压缩屈服强度和抗压强度分别由

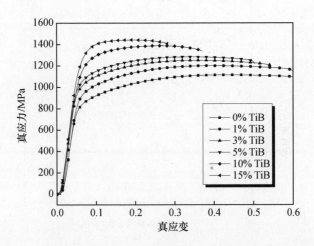

图 5.14　不同 TiB 含量的复合材料室温静态压缩真应力—应变曲线

890MPa 和 1114MPa 增加到 1366MPa 和 1442MPa,而塑性明显降低。5 种 TiB/Ti 复合材料都没有明显的屈服点,且 5 种材料的应变硬化规律相似,在到达屈服点时的应变相差不大,而进入屈服状态后 TiB/Ti 复合材料几乎没有出现应变硬化现象,流变应力在应变增长的过程中基本保持不变,这与材料内的损伤和热残余应力有关。

表 5.2　不同 TiB 体积分数的复合材料室温准静态压缩力学性能

TiB 含量(vol. %)	0	1	3	5	10	15
屈服强度/MPa	890	995	987	1106	1286	1366
抗压强度/MPa	1114	1200	1250	1282	1388	1442

5.4.2　静态压缩载荷下 TiB/Ti 复合材料的宏微观损伤形貌

图 5.15 为 3vol. % 和 10vol. % TiB/Ti 复合材料试样承受静压力后的形变照片。可以看出,随着 TiB 含量的增加,试样压缩加载失效时的形变明显变小。试样的破坏是以剪切破坏为主,继承了金属材料的变形破坏特征。而 10vol. % TiB/Ti 复合材料不仅有剪切破坏,也出现了劈裂的垂直裂纹,说明 TiB 的加入不仅改变了裂纹的扩展方向,而且还增加了复合材料的脆性,从而使材料在较低的应变下就会失效。

图 5.16 选取了 5vol. % 复合材料进行微观形貌观察。图 5.16(b)和(c)分别为(a)和(b)中标示区域的放大照片。由图 5.16(b)可以看出,试样沿剪切带附近的组织随剪切带的方向被拉长变形,而远离剪切带的位置变形逐渐减弱,试样受剪切力的影响较明显。图 5.16(c)中的晶须已经在拉应力的作用下断裂为多段,可

(a)　　　　　　　　(b)　　　　　　　　(c)

图 5.15　试样压缩形变照片

（a）测试前；（b）3vol. % TiB/Ti 复合材料；（c）10vol. % TiB/Ti 复合材料。

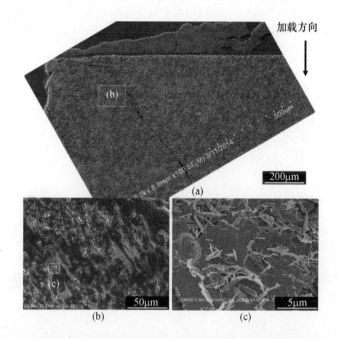

图 5.16　压缩变形后 TiB/Ti 复合材料的微观组织

（a）剪切变形照片；（b）组织变形照片；（c）晶须断裂照片。

见长径比较高的晶须通过断裂的方式吸收了大量的能量。

　　理想情况下，材料的拉伸性能和压缩性能应当是相似的。然而金属基复合材料中却广泛存在着类似 Bauchinger 效应的拉压性能不对称性[2, 3]，这种不对称性不仅存在于准静态实验中，而且也存在于高速加载条件下。Clyne 等人认为，这种现象出现的主要原因是材料基体和增强体热膨胀系数（CTE）的不同而引起了三轴热失配应力的出现。在原位自生复合材料中，增强体的生成过程中与反应物之间会有一定的错配度，使得生成的复合材料内部产生了内应力，表现为增强体周围的基体处于受拉的状态，所以这种内应力对 TiB 晶须的长径比也十分敏感，会降低材

155

料的拉伸性能。其次，在拉伸载荷的作用下，TiB 晶须的断裂、TiB 与 Ti 基体的界面分离以及首先在团簇中形成的微裂纹会降低复合材料的应变硬化和屈服应力；而静态压缩的断面上不仅存在 TiB 晶须的断裂，还有 TiB 与 Ti 基体的界面的挤压变形，同时 TiB 作为硬质相其抗压强度很高，因此其压缩性能高于拉伸性能。

参考文献

[1] 束德林. 工程材料力学性能[M]. 北京:机械工业出版社，2003.
[2] 神祥博. TiB/Ti 复合材料放电等离子烧结制备技术[D]. 北京：北京理工大学，2014.
[3] Kiser M T, Zok R W, Wilkinson D S. Plastic flow and fracture of a particulate metal matrix composite[J]. Acta Materialia, 1996, 44(9):3465－3476.

第6章　放电等离子烧结 TiB/Ti 复合材料的动态力学性能

目前对晶须增强复合材料准静态加载下的力学行为已经有了比较全面的认识,但在实际应用过程中材料经常需要承受冲击载荷,所以对复合材料在动态加载条件下力学性能的研究也非常重要。钛基复合材料不仅具有与钛合金相似的动态力学响应行为,而且由于在动态加载过程中陶瓷增强相的拔出和断裂吸收了大量的能量,使得复合材料的性能优于金属基体。本章主要对 SPS 烧结 TiB/Ti 复合材料的动态力学性能进行测试,研究 TiB 含量对 TiB/Ti 复合材料的动态力学性能的影响规律[1]。

6.1　TiB 含量对 TiB/Ti 复合材料动态力学性能的影响规律

图6.1 为不同 TiB 含量的 TiB/Ti 复合材料试样在3种应变率加载条件下的宏观变形照片。从中可以看出,不同 TiB 含量的复合材料试样在高应变率条件下都发生了断裂失效。当应变率为 $1500s^{-1}$ 时试样的变形量都比较小,而且随着 TiB 含量的增大,试样的变形程度略有降低。在应变率为 $2500s^{-1}$ 时,TiB 含量为 1% 到 5% 的 TiB/Ti 复合材料呈现出剪切破坏的特征,其中可以看出 1% TiB/Ti 复合材料的剪切破坏特征最为明显,而 TiB 含量为 3% 和 5% 的 TiB/Ti 复合材料也出现了少量劈裂的垂直裂纹,说明材料中不仅有剪切破坏,而且表现出了脆性断裂的特征。在 TiB 含量高于 10% 时,TiB/Ti 复合材料已经完全破碎,失效方式彻底转变为脆性断裂。在应变率为 $3500s^{-1}$ 时,1% ～5% TiB/Ti 复合材料由于变形很大而被压成薄片状,而 10% ～15% TiB/Ti 复合材料则完全破碎,表现出典型的脆性失效断裂的特征。

在动态加载条件下,TiB/Ti 复合材料的变形具有局域化的特点,容易形成绝热剪切带,这是因为塑性变形功会在局部区域大量转化为热量,而热量的传导受到热传导效率的约束,在热量的产生速度远超过热传导速度的条件下,材料的局域化变形可以被看做是绝热过程,而较高的绝热温升使材料的热软化效应明显,进而演变为绝热剪切现象。表6.1所示为不同 TiB 含量的 TiB/Ti 复合材料的热导率,从中可以看出随着 TiB 含量的提高,TiB/Ti 复合材料的热导率也在增大,所以 TiB 晶须的加入降低了热软化效应,从而降低了复合材料的绝热剪切敏感性,强化了材料在高应变率下的力学性能。而且与 TC4(热导率为 7.995(W/(m·K)))合金相比,TiB/Ti 复合材料的热导率有了明显提高,这也是 TiB/Ti 复合材料的一大优势。

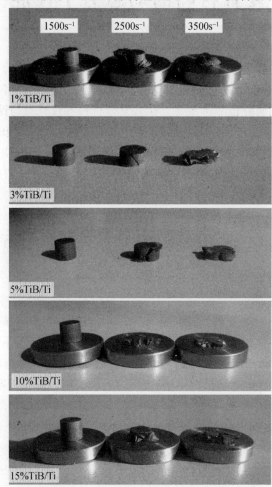

图 6.1   TiB/Ti 复合材料试样在三种应变率加载条件下的变形照片

图 6.2 所示为不同 TiB 含量的复合材料在应变率为 2500s^{-1} 和 3500s^{-1} 时的应力应变曲线。如图所示,两个应变率条件下 TiB/Ti 复合材料的最大流变应力和应变随 TiB 含量的变化趋势相差不大,然而随着 TiB 含量的提高,在应变率为 2500s^{-1} 时 TiB/Ti 复合材料的最大流变应力由 1% 时的 1611MPa 提高到 15% 时的

2021MPa,而应变先由1% TiB 含量时的18%提高到3% TiB 含量时的22.8%,然后降低到15% TiB 含量的9.7%;而在应变率为3500s⁻¹时,TiB/Ti 复合材料的最大流变应力由1% TiB 含量时的1635MPa 提高到15% TiB 含量时的1975MPa,而应变由1% TiB 含量时的18.8%提高到3% TiB 的20.7%,然后降低到15% TiB 含量时的12.9%。总体上由于 TiB 含量的提高,复合材料更多的表现出陶瓷的加载特征,流变应力增大,应变降低。但是,3% TiB/Ti 复合材料的应变和流动应力相对于1% TiB/Ti 复合材料而言都有所提高。可以推测在一定程度上 TiB 晶须的加入在动态加载条件下也起到了增韧的效果,而且当 TiB 含量为3%时,TiB/Ti 复合材料的强韧性配合最佳。这与第3章中 TiB/Ti 复合材料的静态拉伸性能的测试结果一致,3% TiB/Ti 复合材料的综合力学性能最好,这是由于其晶须长径比和晶须含量的共同因素作用决定的。

表6.1　不同 TiB 含量的 TiB/Ti 复合材料的热导率

TiB 含量/wt%	热扩散率/(m²/s)	热导率/(W/(m·K))
1	6.049	14.36
3	6.696	15.84
5	7.332	17.23
10	8.678	20.75
15	9.231	21.98

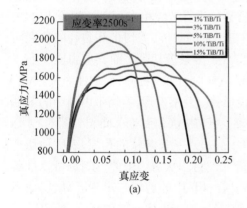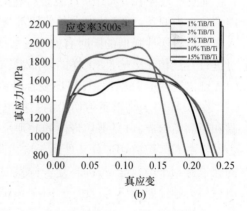

图6.2　不同 TiB 含量的复合材料在应变率为2500s⁻¹和3500s⁻¹时的应力应变曲线
(a)应变率2500s⁻¹;(b)应变率3500s⁻¹。

如图6.1所示,TiB 含量为3%和5%的 TiB/Ti 复合材料在2500s⁻¹的应变率条件下发生了剪切破坏,通过对动态加载后试样的剖面进行扫描电镜观察,可以观察到绝热剪切带的存在。图6.3和图6.4分别为3%和5% TiB 含量的 TiB/Ti 复合材料的绝热剪切带形貌。3% TiB/Ti 复合材料的剪切带的剪切方向与加载方向呈约45°的夹角，剪切带附近的组织沿剪切带方向被拉长，而剪切带内部也有分叉的趋势，这与钛合金的绝热剪切带形貌有所不同，这主要是由于晶须的存在改变了承载方向，从而导致剪切带的分叉。

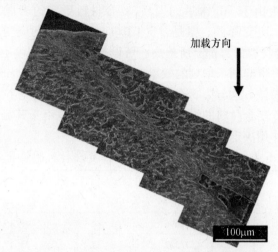

图 6.3　3% TiB/Ti 复合材料动态加载后的绝热剪切带形貌

　　而这一现象在 5% TiB/Ti 复合材料的剪切带中显得更为明显。剪切带在试样内部分叉为两条，而且其中一条剪切带与劈裂的垂直裂纹相连，说明 TiB 晶须的加入在使材料塑性降低的同时有效地延缓了剪切带的扩展，剪切带和裂纹的扩展同时进行并且相互影响，使试样的内部组织出现了多条剪切带。而其应力应变曲线也表现出流变应力较 3% TiB/Ti 复合材料的流变应力有所提高，而塑性降低。

　　图 6.4(b)为高倍下剪切带的扫描电镜形貌。观察发现，剪切带由细小的等轴晶和短晶须组成，可见剪切带内的晶须承载了剪切应力而发生了断裂。图 6.4(c)为试样中心区域剪切带分叉处由于应力集中而出现了长条状的孔隙，表明剪切带的分散有利于消耗能量，提高复合材料的流变应力。从剪切带的形貌也可以推断出材料力学性能的优劣。由于 3% TiB/Ti 复合材料中的剪切带出现了分叉，而低塑性劈裂的裂纹又较少，充分融合了金属 Ti 基体和 TiB 增强体的优点，所以其强韧性匹配最佳。

　　图 6.5 为不同 TiB 含量的 TiB/Ti 复合材料动态加载后绝热剪切断口形貌，从中可以看出，所有的绝热剪切断口上的增强体都呈现出颗粒状形态，而没有长径比较高的棒状形态出现，说明晶须在动态加载过程中断裂程度较高，吸收了大量的能量。而随着 TiB 含量的提高，在 15% TiB/Ti 复合材料中晶须的直径增大，部分晶

160

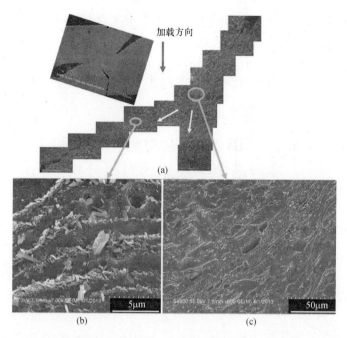

图 6.4　5% TiB/Ti 复合材料动态加载后的绝热剪切带形貌,显示剪切带向两个方向的扩展
(a) 剪切带全貌;(b) 高倍下剪切带的形貌;(c) 剪切带分叉处的裂纹。

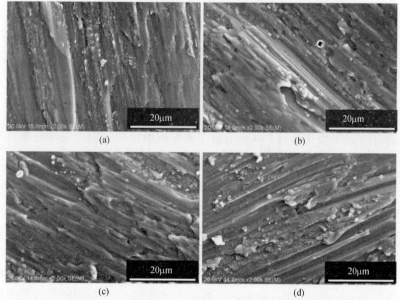

图 6.5　不同 TiB 含量的 TiB/Ti 复合材料动态加载后绝热剪切断口形貌
(a) 3% TiB/Ti;(b) 5% TiB/Ti;(c) 10% TiB/Ti;(d) 15% TiB/Ti。

161

须发生团聚。此时虽然单个晶粒的强度下降,会使复合材料的强度降低,但晶须的体积分数增加又会使复合材料的强度增大,最终 15% TiB/Ti 复合材料在这两个相反趋势的作用下表现为动态强度的提高。另外,团聚后的晶须在断裂过程中可以在基体表面留下较深的划痕,这也是具有较高 TiB 含量的复合材料流变应力较大的原因之一。

6.2 TiB/Ti 复合材料中动态和准静态力学性能的对比分析

对 1% ~15% TiB 含量的 TiB/Ti 复合材料进行不同应变率下的动态压缩测试,得到的应力应变曲线如图 6.6 所示,相对于准静态压缩实验(应变率 $0.001s^{-1}$)的流变应力,高应变率下 TiB/Ti 复合材料的流变应力都有显著提高。而在 $1500 \sim 3500s^{-1}$ 的应变率范围内,复合材料的流变应力也随着应变率的提高有小幅增大。然而,高应变率下复合材料的断裂应变远小于准静态条件下的断裂应变。

在钛合金的动态压缩实验中,高应变率下的动态变形一般认为是应变硬化、应变率强化和热软化效应三者的耦合过程。而 TiB/Ti 复合材料也在一定程度上继承了这种特性。材料在高应变率下的动态力学响应可用下面的经典公式描述[2]:

$$\sigma = f(\varepsilon, \dot{\varepsilon}, T) \tag{6.1}$$

$$d\sigma = \left[\frac{\partial \sigma}{\partial \varepsilon}\right]_{\dot{\varepsilon}, T} d\varepsilon + \left[\frac{\partial \sigma}{\partial \dot{\varepsilon}}\right]_{\varepsilon, T} d\dot{\varepsilon} + \left[\frac{\partial \sigma}{\partial T}\right]_{\varepsilon, \dot{\varepsilon}} dT \tag{6.2}$$

式中:$\varepsilon, \dot{\varepsilon}, T$ 分别为材料在高应变率下的应变,应变率和温度;$\left[\frac{\partial \sigma}{\partial \varepsilon}\right]_{\dot{\varepsilon}, T}$ 为应变率和温度恒定时的应变硬化率;$\left[\frac{\partial \sigma}{\partial \dot{\varepsilon}}\right]_{\varepsilon, T}$ 为应变和温度恒定时的应变率硬化率;$\left[\frac{\partial \sigma}{\partial T}\right]_{\varepsilon, \dot{\varepsilon}}$ 为应变和应变率恒定时的热软化率。

式(6.2)表现了材料在高应变率条件下的强化和软化效应的共存和互相竞争。应变率较高时,在较低的应变下,应变硬化和应变率强化占据主导地位,使得材料表现出应变硬化现象。由于此时应变较小,材料变形的塑性功较少,转化的热量不足,热软化效应不明显,其流变应力随着应变的提高而增大;而随着应变的增加,大应变下塑性功转化的热量提高,试样表现出较明显的绝热升温的现象,此时材料的热软化效应增强,而且逐渐地占据了主导地位,使得材料的流变应力明显降低。所以整个加载过程中流变应力出现了先升高后降低的变化趋势。

而在准静态力学性能测试过程中,材料的流变应力随着应变的增加而提高,这

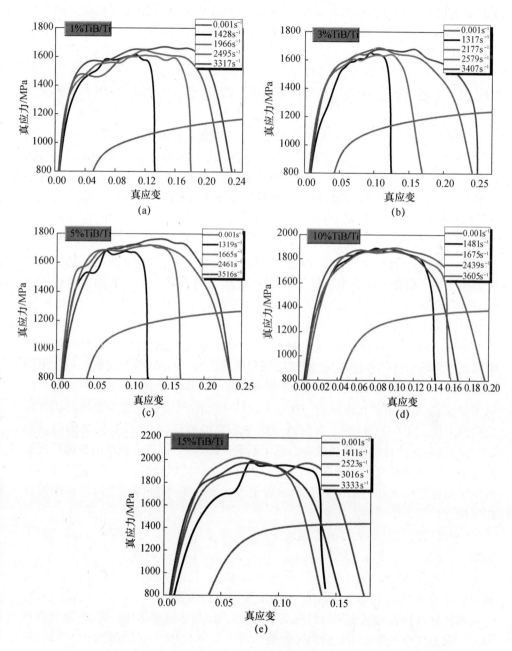

图 6.6　不同 TiB 含量的 TiB/Ti 复合材料在不同应变率下的真应力—应变曲线
（a）1% TiB/Ti；（b）3% TiB/Ti；（c）5% TiB/Ti；（d）10% TiB/Ti；（e）15% TiB/Ti。

163

是由于准静态加载条件下出现了应变硬化,主要遵循了位错强化的机制。随着应变的增加,材料中的位错增加,位错之间的相互作用也增加,使流变应力持续增大,直至试样失效。

6.3 TiB 含量对 TiB/Ti 复合材料应变率效应的影响规律

由图 6.6 中 TiB/Ti 复合材料的应力应变曲线随应变率的变化规律来看,应变率在 2500s^{-1} 以下时复合材料的流变应力和应变都随着应变率的提高而增大,而在 3500s^{-1} 的应变率条件下,1% ,3% ,5% TiB/Ti 复合材料的流变应力和应变有下降的趋势,而 10% 和 15% TiB/Ti 复合材料的流变应力和应变都在继续提高。如前所述,通过材料在高应变率下的动态力学响应的经典公式(6.2)可知,在高应变率下,材料的强化和软化效应共存并且互相竞争。可以推测,在 3500s^{-1} 的应变率条件下 TiB/Ti 复合材料在较低应变时热软化已经占据了主导地位,所以其热软化效应更加明显。而在高应变率条件下 TiB/Ti 复合材料表现出一定的脆性断裂的特征,在内部绝热温升导致的热软化和应力集中导致的微裂纹扩展的共同作用下,复合材料的流变应力降低。

图 6.7 所示为 3% TiB/Ti 复合材料在 3500s^{-1} 应变率条件下的断口形貌,可以明显观察到断口分为熔融区域、剪切区域和脆断区域,剪切区域与熔融区域的形貌比较容易区分,剪切区域较为平滑,亮度也较高。可以看到图 6.7(a) 中的中心区域明显较亮,呈条带状在试样内与加载方向成 45°角,可以确定这是绝热剪切带断裂后的形貌。图 6.7(b) 所示为断口中熔融断裂的形貌,而且没有明显的剪切划痕,可以确定此处是由于绝热效应引起了断裂面的熔融,促进了裂纹的快速扩展从而造成横向拉伸断裂。而图 6.7(c) 中为断口中剪切区域和熔融区域的边界形貌,可见在高应变率条件下 TiB/Ti 复合材料的失效是在绝热剪切与横向拉伸微裂纹扩展相互作用下发生的。

一般认为,当应变量与试验温度一定时,流变应力 $\sigma_{\dot{\varepsilon}}$ 与应变率 $\dot{\varepsilon}$ 遵从如下关系

$$\sigma_{\dot{\varepsilon}} = c_1 (\dot{\varepsilon})^m \tag{6.3}$$

式中:c_1 在一定应力状态下为常数;m 为应变率敏感指数。

可知复合材料的流变应力与应变率有关,当应变率敏感指数一定时,复合材料的流变应力随应变率的增加而迅速增加。当应变率由 $10^{-3} s^{-1}$ 提高到 $10^3 s^{-1}$ 后,不同 TiB 含量的 TiB/Ti 复合材料的流变应力都在大幅提高,可知它们对应变率都较为敏感。应变率敏感性可以用 Guden 和 Tjong 等提出的同一应变下动态应力相对准静态应力的增量来表示:

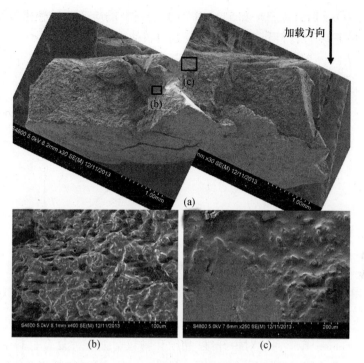

图 6.7 TiB/Ti 复合材料的断口形貌

(a)试样的宏观断口形貌;(b)熔融区域形貌;(c)剪切区域与熔融区域的界面形貌。

$$m = \frac{\sigma_d - \sigma_s}{\sigma_s} \qquad (6.4)$$

式中:m 为应变率敏感指数;σ_d 和 σ_s 分别为高应变率条件下的流变应力和准静态条件下的流变应力。

图 6.8 为通过式(6.4)计算得到的不同 TiB 含量的 TiB/Ti 复合材料的应变率敏感指数 m 与真应变的变化曲线。如图所示,TiB/Ti 复合材料的应变率敏感指数都随着 TiB 含量的提高而降低,其中应变在 0.10 时体现得最为明显。显然随着 TiB 含量的提高,TiB/Ti 复合材料的应变率敏感性降低的幅度也在提高。其中,1% TiB/Ti 复合材料的应变率敏感指数由应变为 0.075 时的 0.620 降低到应变为 0.10 时的 0.570,降低了 0.05;3% TiB/Ti 复合材料的应变率敏感指数由应变为 0.075 时的 0.566 降低到应变为 0.10 时的 0.519,降低了 0.047;5% TiB/Ti 复合材料的应变率敏感指数由应变为 0.075 时的 0.553 降低到 0.10 时的 0.505,降低了 0.048;10% TiB/Ti 复合材料的应变率敏感指数由应变为 0.075 时的 0.543 降低到应变为 0.10 时的 0.451,降低了 0.088;15% TiB/Ti 复合材料的应变率敏感指数由应变为 0.075 时的 0.522 降低到应变为 0.10 时的 0.376,降低了 0.146,降幅最大。

而应变大于 0.10 后,1%,3% 和 5% TiB/Ti 复合材料的应变率敏感指数持续降低,其中 3% TiB/Ti 复合材料和 5% TiB/Ti 复合材料的应变率敏感指数差别不大。

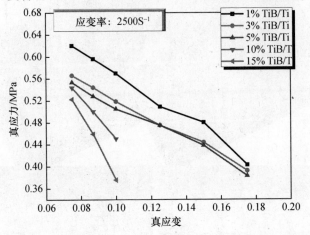

图 6.8　不同 TiB 含量的 TiB/Ti 复合材料的应变率敏感性—真应变曲线

　　一般来说,对于基体为应变率敏感性的颗粒增强复合材料表现出更强的应变率敏感性。Guden 等[3]通过对短纤维、晶须和颗粒增强 3 种复合材料的动态压缩实验对比,认为晶须增强复合材料不同于另外两种复合材料,其应变率敏感性低于基体金属。这是由于晶须的断裂和脱黏以及较早出现的热软化效应和随之而来的应力集中损伤造成的。

　　如前所述,热软化效应是导致高应变率下 TiB/Ti 复合材料流变应力随应变的增大而降低的主要因素,而在准静态拉伸条件下,热软化效应的影响可以忽略不计,所以热软化效应是导致 TiB/Ti 复合材料应变率敏感性随应变的增大而降低的主要原因。由于晶须增强体和基体之间的强度和热力学性质的不匹配,应力集中和塑性形变容易在界面上产生,继而产生绝热温升。剪切方向上的变形最大,所以热软化效应也最明显,而变形过程中由于晶须的长径比较高而容易发生断裂脱黏等现象,也使复合材料的绝热温升更加剧烈。这是导致热软化效应在应变较低时就会产生的原因。而在图 6.6 中将 3%、5%、10%、15% TiB/Ti 复合材料在高应变率加载下的断口进行比较,可以发现断口上大部分晶须断裂方式为解理断裂,观察不到 TiB 晶须与 Ti 基体的分离现象,说明原位反应生成的 TiB/Ti 复合材料的界面结合强度较高。而由于 TiB 晶须强度高塑性差的特性,在变形的初始阶段就会断裂,这使得材料的热软化效应加剧。

　　从图 6.8 中可以看到 3% 和 5% TiB/Ti 复合材料的应变率敏感性相差不大,这是由于 3% TiB/Ti 复合材料的晶须长径比较高和晶须含量较低,而 5% TiB/Ti 复合

166

材料晶须长径比较低而晶须含量较高,这两种差异的竞争造成了两者应变率敏感性的相似。

参考文献

[1] 神祥博. TiB/Ti 复合材料放电等离子烧结制备技术[D]. 北京: 北京理工大学, 2014.

[2] 王丛曾, 刘会亭. 材料性能学[M]. 北京: 北京工业大学出版社, 2001.

[3] Guden M, Hall I W. Dynamic properties of metal matrix composites: a comparative study[J]. Materials Science and Engineering A, 1998, 242: 141 – 152.

内 容 简 介

作为一种先进的材料粉末冶金成型方法,放电等离子烧结(SPS)技术具有升温速度快、烧结时间短等特点,在国防新材料制备领域极具应用潜力。本书系统介绍了放电等离子烧结技术的特征、原理及其在钛基复合材料制备中的应用。全书包括6章:放电等离子烧结技术、钛基复合材料及其制备技术、放电等离子烧结 TiB/Ti 复合材料关键控制因素及致密化机理、放电等离子烧结原位反应生成 TiB 晶体的结构表征及生长特性、放电等离子烧结 TiB/Ti 复合材料的静态力学性能、放电等离子烧结 TiB/Ti 复合材料的动态力学性能。

本书内容全面、新颖,既有丰富的基础理论知识,又有很强的工程实践性,对致力于粉末冶金技术及钛基复合材料成型技术研究的工程技术人员及研究学者具有较高的参考价值。

As an advanced powder metallurgy method, spark plasma sintering (SPS) is characterized by low temperature and rapid sintering due to the application of electric – pulesd current on electrodes and the electrical discharges between powders. These advantages make SPS suitable to fabricate new materials with good performances. The characteristics, theory and application in synthesizing Ti matrix composites of SPS have been introduced in this book, including introduction of SPS, preparation technology of Ti matrix composites, critical control factors and densification mechanism of TiB/Ti composites synthesized by SPS, structure characterization and growth characteristics of TiB crystal in TiB/Ti composites prepared by SPS, static mechanical properties of TiB/Ti composites, and dynamic mechanical properties of TiB/Ti composites.

The content in this book is novel and comprehensive, and it is worth reading for the relevant researchers and technicians.